豫西南县级水文测区测验任务管理

陈学珍 王晓森 徐维东 编著

黄河水利出版社
· 郑州 ·

内 容 提 要

本书详细介绍了豫西南六个水文测区的地域范围,简述了各测区地理、水文特征,站网站点数量和分布情况,依据测站任务书指出各测区水文监测站的基本观测项目和辅助观测项目,提出各测区水文测验基本任务管理要求。

本书可作为豫西南县级水文机构对辖区各类测站进行管理的重要依据,亦可供水文相关工作人员参考。

图书在版编目(CIP)数据

豫西南县级水文测区测验任务管理/陈学珍,王晓森,徐维东编著. —郑州:黄河水利出版社,2020.5

ISBN 978 - 7 - 5509 - 2633 - 2

Ⅰ.①豫… Ⅱ.①陈… ②王… ③徐… Ⅲ.①水文观测 – 任务管理 – 河南 Ⅳ.①P332

中国版本图书馆 CIP 数据核字(2020)第 065237 号

出 版 社:黄河水利出版社　　　　　　　　　　网址:www.yrcp.com
　　　　　地址:河南省郑州市顺河路黄委会综合楼 14 层　　邮政编码:450003
发行单位:黄河水利出版社
　　　　　发行部电话:0371 - 66026940、66020550、66028024、66022620(传真)
　　　　　E-mail:hhslcbs@126.com
承印单位:虎彩印艺股份有限公司
开本:787 mm×1 092 mm　1/16
印张:8.75
字数:202 千字　　　　　　　　　　　　　　印数:1—1 000
版次:2020 年 5 月第 1 版　　　　　　　　　　印次:2020 年 5 月第 1 次印刷

定价:60.00 元

前　言

水文工作是收集水利建设、国民经济建设和社会发展所需基础信息的工作,水文是防汛抗旱的尖兵,是水资源、水生态管理和保护的哨兵。随着科学技术的发展、自动化水平的提高,近几年水文行业在原有水文观测站点基础上增加了自动化观测设备和先进的水文测验设备,新设了具有多种水文监测项目的各类监测站点,如巡测水文(水位)站、遥测雨量站,大大增加了水文站点的密度,同时弥补了某些河流缺乏水文信息观测的空白,满足了国民经济建设和社会可持续发展所需的多元化水文资料。区域内基本水文(水位)站、巡测水文(水位)站、雨量站、蒸发站和墒情站等各类水文监测站点可构成一个水文测区整体,为水文现代化管理改革、建立水文县级测区提供了有利、成熟条件。

本书详细介绍了豫西南六个水文测区的地域范围,简述了各测区地理、水文特征,站网站点数量和分布情况,依据测站任务书指出各测区水文监测站的基本观测项目和辅助观测项目,提出各测区水文测验基本任务管理要求。依照目前执行的各类水文观测标准和水文测验规范,分别对各测区所辖的各水文监测站点的基本(辅助)观测项目、测次布置、测洪方案选择、资料采集、资料整理分析、资料整编、雨水情信息报汛和成果报送等主要技术指标做了具体规定和要求,对器材管理和学习制度方面做了扼要说明。

本书是豫西南县级水文机构对辖区各类测站进行管理的重要依据,水文测区每个水文职工必须熟悉和掌握本书规定的相关内容、要求、方法及规定,并在水文测验作业中正确地执行。

本书由陈学珍、王晓森、徐维东编著;参加撰写的人员还有李鹏飞、王晶、柴颖、杨峰、孙国苗、范忆先、李世强、徐新龙、马达、曲波、马国平、马琳、王颖、杨明武、王爽。

由于编者水平有限,加之时间仓促,书中难免存在不妥和错漏之处,恳请读者批评指正。

作　者

2019 年 12 月

目　录

1　总　则

1.1　主要内容

　　本书是根据水文测验规范及有关技术规定,结合新形势下基本水文(水位)站和新建巡测水文(水位)站并存,现行河南省水文监测管理模式,对豫西南区域划分的六个县级水文测区的水文测验等主要工作任务提出基本管理要求,对各测区所辖测站测验项目、测次布置、测洪方案选择、雨水情信息报汛、器材管理、资料采集、资料整理分析、资料整编、成果报送等主要技术指标做了具体规定和要求。本书是豫西南县级水文机构对辖区各类测站进行管理的重要依据,水文测区每个水文职工必须熟悉和掌握本书规定的相关内容、要求、方法及规定,并在水文测验作业中正确地执行。要求各测区均应全面完成本书所规定的各项任务。

1.2　基本要求

　　(1)一般情况下,各测区水文局不得随意改变水文测验任务,或降低技术标准。若水文要素和测站特性发生了明显变化,或某些技术要求不切实际而不能保证资料精度,应视情况采取措施加强测验控制,但必须符合有关规范的要求,并及时提出修改意见上报河南省水文水资源局,由河南省水文水资源局站网监测处负责修订。

　　(2)发生稀遇洪水及异常情况,不能按测验任务书中的要求进行水文测验时,测站可根据实际情况,做适当的调整,千方百计地收集资料,以保证水文测验的连续。

　　(3)观测数据必须用外业测验系统或硬质铅笔在现场记载,字迹要工整清晰,原始记载不准用橡皮擦拭,不准就字改字,原始记载一般不得重抄,确因污染严重必须重抄的,应将原始记录附上,不得隐瞒、毁弃原始记录,严禁伪造资料。

　　(4)贯彻质量第一的方针。在日常工作中,坚持"四随"(随测算、随拍报、随整理、随分析)和"五保"(保证项目齐全、保证方法正确、保证数字规格无误、保证图表整洁清晰、保证按时交出成果),完成在站整编等行之有效的制度。

1.3　编写依据

　　(1)《水位观测标准》(GB/T 50138—2010);
　　(2)《河流流量测验规范》(GB 50179—2015);
　　(3)《水文缆道测验规范》(SL 443—2009);
　　(4)《水文测船测验规范》(SL 338—2006);

（5）《声学多普勒流量测验规范》（SL 337—2006）；

（6）《水力学法流量测验规范》（SL 537—2011）；

（7）《河流悬移质泥沙测验规范》（GB 50159—2015）；

（8）《降水量观测规范》（SL 21—2015）；

（9）《水面蒸发观测规范》（SL 630—2013）；

（10）《水文测量规范》（SL 58—2014）；

（11）《国家三、四等水准测量规范》（GB/T 12898—2009）；

（12）《全球定位系统（GPS）测量规范》（GB/T 18314—2009）；

（13）《水文基本术语和符号标准》（GB/T 19677—2014）；

（14）《水文巡测规范》（SL 195—2015）；

（15）《水文调查规范》（SL 196—2015）；

（16）《土壤墒情监测规范》（SL 364—2015）；

（17）《水文资料整编规范》（SL 247—2012）；

（18）《水文年鉴汇编刊印规范》（SL 460–2009）；

（19）《水文基础设施及技术装备管理规范》（SL 415—2019）；

（20）《水情信息编码》（SL 330—2011）；

（21）《水文情报预报规范》（GB/T 22482—2008）。

2 各测区基本情况

2.1 南阳水文测报中心

南阳水文测报中心测区范围为宛城区、卧龙区、镇平县、社旗县、方城县。

宛城区位于河南省西南部,南阳盆地腹心,地处长江和淮河两大水系的交接地带。北与方城县交界,东与社旗县、唐河县接壤,南与新野县相连,西与卧龙区毗邻。宛城区四季分明,光热条件较好,降水适中,具有"冬长干冷雨雪少,夏季炎热雨集中,春秋温暖季节短,春夏之交多干风"的特征。宛城区地势由北而南稍有坡降,北端的隐山是境内唯一的孤山,海拔209.6 m,是全区最高点,其余都是平原。

卧龙区东与南阳宛城区、方城县相邻,西与镇平县接壤,南接新野县,北连南召县。区内地势北高南低,南北长,东西窄,由西北向东南以浅山丘陵、垄岗和平原三种地表形态缓慢倾斜,属长江流域汉水水系,海拔90~417.6 m。水利资源比较丰富,拥有兰营、龙王沟、冢岗庙、打磨石岩、彭李坑5座中型水库和25座小型水库。

镇平县位于河南省西南部,南阳盆地西北侧,伏牛山南麓,东依南阳市区卧龙区,南毗邓州市,西接内乡县,北连南召县,总面积1 560 km²。东距南阳市中心城区仅30 km。位于北纬32°51′~33°21′,东经111°58′~112°25′,总面积1 560 km²,辖3个街道19个乡镇。镇平县属北亚热带季风型大陆性气候,年均气温15.1 ℃,极端最高气温42.6 ℃,出现在1972年6月11日;极端最低气温 -16.3 ℃,出现在1991年12月29日。年均日照时数2 013 h,全年无霜期233 d。镇平县境内有赵河、严陵河、潦河等大小河流13条,呈南北流向,属汉水流域。

社旗县位于伏牛山南麓,河南省西南部,南阳盆地东缘,紧邻南阳市宛城区。县域面积1 203 km²,辖14个乡镇2个街道办事处。距南阳市中心城区仅35 km,处于东经112°46′~113°11′,北纬32°47′~33°09′。历年月平均气温最低1.4 ℃,最高28.0 ℃,全年无霜期233 d。年平均降水量910.1 mm,4~9月降水量689.2 mm,占全年的75.7%。

方城县位于河南省西南部,南阳盆地东北隅,伏牛山东麓,唐白河上游。东邻舞钢市、泌阳县,南接社旗县、宛城区,西连南召县,北依鲁山县、叶县,辖6个镇9个乡(其中1个民族乡)2个办事处。县域东西长72 km,南北宽61 km,总面积2 542 km²。方城县处于北亚热带与南暖温带、长江流域与淮河流域、南阳盆地与黄淮平原、伏牛山脉与桐柏山脉和华北地台与秦岭地槽的五个自然分界线上。年均气温14.4 ℃,年均日照时数2 092 h,无霜期220 d。地势自西北向东南倾斜,最高海拔760.3 m,最低海拔108 m,浅山区、岗丘区、平原区各占1/3。

2.1.1 南阳水文测报中心站网情况

南阳水文测报中心测区属于长江流域。根据河湖普查成果,测区内 50 km² 以上河流:宛城区 14 条,卧龙区 16 条,镇平县 15 条,社旗县 12 条。测区内现有 1 座大型水库、9 座中型水库和 146 座小型水库。

测区内现有基本水文站 5 处,基本水位站 1 处,基本雨量站 25 处,中小河流水文巡测站 4 处,中小河流水位站 2 处,遥测雨量站 73 处,遥测水位站 8 处,固定墒情站 4 处,移动墒情站 20 处。具体见表 2-1。

表 2-1 南阳水文测报中心站网现状统计表

站类代码	项目	流量	水位	降水量	蒸发量	输沙率	单沙	水温	水生态	墒情 固定	墒情 移动	水质	地下水
1	基本水文站	5	5	5	2	2	2	1					
2	基本水位站		1	1									
3	中小河流水文巡测站	4	4	4									
4	中小河流水位站		2	1									
5	基本雨量站			25									
6	遥测雨量站			73									
7	遥测水位站		8	8									
8	固定墒情站									4			
9	移动墒情站										20		
	合计	9	20	117	2	2	2	1		4	20		

注:雨量站是指只有降水量观测或降水量与蒸发量观测的站,地下水、墒情、水质站是指只有该项目的站。中小河流水位站龙王沟站降水量项目与基本雨量站位置一致,不再重复统计。

2.1.2 南阳水文测报中心站网分布图

南阳水文测报中心站网分布图见图 2-1、图 2-2。

2.1.3 南阳水文测报中心测区站网管理任务一览表

南阳水文测报中心测区下辖各类站点管理任务一览表见表 2-2。

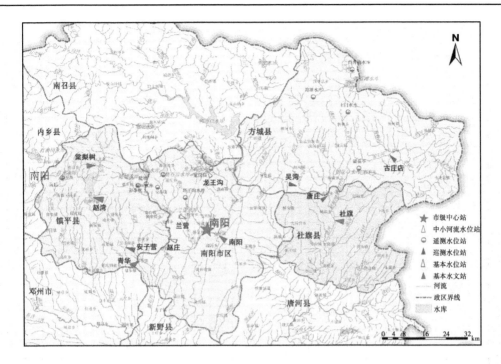

图 2-1　南阳水文测报中心水文站分布图

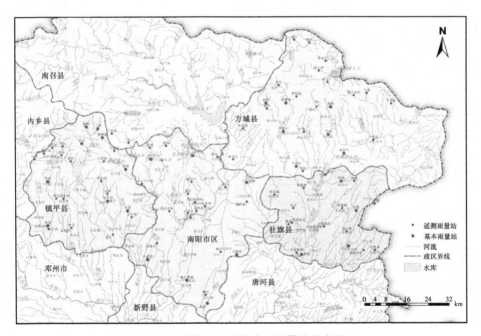

图 2-2　南阳水文测报中心雨量站分布图

表 2-2　南阳水文测报中心测区下辖各类站点管理任务一览表

站类	序号	站名	测站编码	东经	北纬	测站地址	流域	水系	河名	集水面积 (km²)	降水量	水位	流量	单沙	输沙率	蒸发量	水文调查	生态监测调查	初终霜	水温	冰情	气象	墒情	比降	水质	地下水
1. 基本水文站	1	南阳（四）	62011400	112°30′31″	32°56′57″	河南省南阳市宛城区溧河乡丘庄	长江	唐白河	白河	4 050	√	√	√	√		√		√	√	√	√					√
	2	棠梨树	62015000	112°10′22″	33°10′23″	河南省镇平县二龙乡棠梨树村	长江	唐白河	西赵河	127	√	√	√	√			√			√	√			√		
	3	赵湾水库	62015010	112°09′33″	33°07′16″	河南省南阳市镇平县石佛寺镇赵湾村	长江	唐白河	西赵河	205	√	√	√	√		√				√	√					√
	4	青华	62015100	112°19′56″	32°53′21″	河南省南阳市卧龙区青华镇青华	长江	唐白河	礓石河	69.2	√	√	√	√												
	5	社旗	62016000	112°57′43″	33°01′16″	河南省社旗县郝寨镇新庄村	长江	唐白河	唐河	1 044	√	√	√	√	√			√		√	√			√√		√
2. 基本水位站	1	赵庄	62013600	112°23′53″	32°55′30″	河南省南阳市卧龙区王村乡赵庄	长江	唐白河	潦河	487	√	√							√			√				
3. 中小河流巡测站	1	安子营	62015080	112°16′15″	32°56′40″	河南省镇平县安子营乡安子营村	长江	唐白河	泌河	145	√	√	√													
	2	唐庄	62016800	112°56′32″	33°05′52″	河南省社旗县唐庄乡唐庄村	长江	唐白河	潘河	320	√	√	√													
	3	吴湾	62016850	112°50′34″	33°08′19″	河南省方城县赵河镇吴湾村	长江	唐白河	赵河	315	√	√	√													
	4	古庄店	50606050	113°09′07″	33°13′26″	河南省方城县古庄店镇古庄店	淮河	颍河	甘江河	120	√	√	√													

续表 2-2

站类		站名	测站编码	东经	北纬	测站地址	流域	水系	河名	集水面积（km²）	降水量	水位	流量	单沙	输沙率	蒸发量	水文调查	生态监测	初终霜	水温	冰情	气象	墒情	比降	水质	地下水
4.中小河流水位站	1	龙王沟	62013400	112°32′16″	33°11′04″	河南省南阳市卧龙区蒲山镇龙王沟水库	长江	唐白河	洞水河	110		√														
	2	兰营	62013500	112°29′08″	33°01′52″	河南省南阳市靳岗乡兰营水库	长江	唐白河	十三里河	37	√	√														
5.基本雨量站	1	龙王沟	62044500	112°32′09″	33°11′13″	河南省南阳市卧龙区蒲山镇龙王沟	长江	唐白河	洞水河		√															
	2	瓦店	62045000	112°30′54″	32°45′46″	河南省南阳市宛城区瓦店镇逵营	长江	唐白河	白河		√															
	3	陡坡	62045100	112°18′39″	32°01′00″	河南省南阳市镇平县老庄镇陡坡水库	长江	唐白河	潦河		√															
	4	大马石眼	62045300	112°23′42″	33°10′34″	河南省南阳市卧龙区安皋镇大马石眼村	长江	唐白河	潦河		√															
	5	常营	62049400	112°19′00″	33°00′00″	河南省南阳市镇平县遮山镇倒座堂	长江	唐白河	沙河		√															
	6	下潘营	62049800	112°23′00″	32°50′00″	河南省南阳市卧龙区清华乡华寨	长江	唐白河	礓石河		√															
	7	武营	62055000	112°43′04″	33°05′47″	河南省南阳市宛城区红泥湾武营	长江	唐白河	小清河		√															
	8	大路张	62057500	112°41′00″	32°51′00″	河南省南阳市宛城区汉冢家大路张	长江	唐白河	涧河		√															
	9	忽桥	62057700	112°35′00″	32°41′00″	河南省南阳市宛城区官庄镇忽桥	长江	唐白河	涧河		√															

续表 2-2

站类	序号	站名	测站编码	东经	北纬	测站地址	流域	水系	河名	集水面积(km²)	降水量	水位	流量	单沙	输沙率	蒸发量	水生态调查	文监测	初	终	霜	水温	水情	气象	墒情	比降	水质	地下水
	10	维摩寺	62051700	112°51'00"	33°22'00"	河南省方城县四里店乡维摩寺村	长江	唐白河	赵河		√																	
	11	罗汉山	62051900	112°50'27"	33°16'10"	河南省方城县袁店乡店庄	长江	唐白河	赵河		√																	
	12	平高台	62052000	112°53'00"	33°09'00"	南阳市方城县赵河乡平高台村	长江	唐白河	赵河		√																	
	13	杨集	62052100	112°59'56"	33°21'10"	河南省方城县杨集乡杨集街	长江	唐白河	潘河		√																	
	14	方城	62052200	112°59'24"	33°15'32"	河南省方城县城关镇电视路2号	长江	唐白河	潘河		√																	
5.基本雨量站	15	望花亭	62052300	113°02'34"	33°11'40"	河南省社旗县二郎庙乡望花亭水库	长江	唐白河	疆石拉河		√																	
	16	陌陂	62052400	113°02'00"	33°06'00"	河南省社旗县陌陂乡陌陂街北	长江	唐白河	沙河		√																	
	17	饶良	62053100	113°03'25"	32°52'42"	河南省社旗县饶良乡饶良街	长江	唐白河	饶良河		√																	
	18	坑黄	62053200	113°05'00"	33°00'00"	河南省社旗县下洼乡坑黄	长江	唐白河	饶良河		√																	
	19	高峰	62047900	112°10'48"	33°17'10"	河南省镇平县二龙乡石庙村	长江	唐白河	西赵河		√																	
	20	二潭	62048200	112°13'04"	33°16'48"	河南省镇平县二龙乡寨岔村	长江	唐白河	西赵河		√																	

续表 2-2

站类	站名	测站编码	经纬度 东经	经纬度 北纬	测站地址	流域	水系	河名	集水面积(km²)	降水量	水位	流量	单沙	输沙率	蒸发量	水文调查	生态监测	初终霜	水温	冰情	气象	墒情	比降	地下水	水质
5.基本雨量站	21 柳树底	62048300	112°14′00″	33°15′00″	河南省镇平县二龙乡凉水坪村	长江	唐白河	西赵河		√															
	22 杏山	62048400	112°09′54″	33°13′47″	河南省镇平县二龙乡二龙村	长江	唐白河	西赵河		√															
	23 镇平	62048700	112°15′00″	33°02′00″	河南省镇平县城关镇涅阳区	长江	唐白河	西赵河		√															
	24 芦医	62048900	112°03′00″	33°06′00″	河南省镇平县芦医镇街南	长江	唐白河	严陵河		√															
	25 贾宋	62049000	112°03′00″	32°57′00″	河南省镇平县贾宋镇黑龙庙村	长江	唐白河	严陵河		√															
6.遥测雨量站	1 商城管委会	62011401	112°31′08″	32°59′32″	河南省南阳市商城管委会住宅楼5楼	长江	唐白河	白河		√															
	2 东老庄	62011402	112°31′41″	32°58′36″	河南省南阳市东老庄住宅楼3楼	长江	唐白河	白河		√															
	3 南阳市水文局	62011403	112°32′53″	32°59′57″	河南省南阳市水文局办公楼4楼	长江	唐白河	白河		√															
	4 洛洼水库	62011404	112°27′25″	32°59′55″	河南省南阳市卧龙区洛洼水库	长江	唐白河	兰溪河		√															
	5 医圣祠	62011405	112°34′37″	33°00′53″	河南省南阳市医圣祠	长江	唐白河	白河		√															
	6 南阳市水利局	62011406	112°32′35″	33°01′43″	河南省南阳市水利局	长江	唐白河	白河		√															

续表 2-2

站类		站名	测站编码	经纬度 东经	经纬度 北纬	测站地址	流域	水系	河名	集水面积(km²)	基本观测项目 降水量	水位	流量	单沙	输沙率	蒸发	水文调查	生态监测	初	终	霜	辅助观测项目 水温	气象	墒情	比降	水质	地下水
	7	四山	62012101	112°05′49″	33°11′25″	河南省南阳市镇平县四山乡四山	长江	唐白河	西赵河		√																
	8	青石坡	62052103	112°53′06″	33°23′19″	河南省南阳市方城县柳河镇青石坡	长江	唐白河	柳河		√																
	9	中封	62052102	112°54′18″	33°08′03″	河南省南阳市方城县券桥乡中封	长江	唐白河	潘河		√																
	10	胡阡营	62011407	112°43′05″	33°01′52″	河南省南阳市宛城区红泥湾镇胡阡营	长江	唐白河	白河		√																
	11	魏庄	62011408	112°34′41″	32°42′46″	河南省南阳市宛城区官庄镇魏庄	长江	唐白河	白河		√																
6.遥测雨量站	12	三道河	62052201	112°57′07″	33°21′14″	河南省南阳市方城县杨集乡三道河	长江	唐白河	三道河		√																
	13	马岗	50629455	113°07′12″	33°24′04″	河南省南阳市方城县独树镇马岗	长江	唐白河	贾河		√																
	14	烟庄水库	50629457	113°04′37″	33°23′35″	河南省南阳市方城县独树镇烟庄水库	长江	唐白河	贾河		√																
	15	黄土岗	50628652	112°57′32″	33°28′38″	河南省南阳市方城县拐河镇黄土岗	淮河	洪泽湖	澧河		√																
	16	景湾	62051901	112°47′10″	33°20′54″	河南省南阳市方城县柳河乡景湾	淮河	洪泽湖	澧河		√																
	17	吴庄	50625001	112°49′34″	33°25′41″	河南省南阳市方城县四里店乡吴庄	淮河	洪泽湖	澧河		√																

续表 2-2

站类		站名	测站编码	东经	北纬	测站地址	流域	水系	河名	集水面积（km²）	降水量	水位	流量	单沙	输沙率	蒸发量	水文调查	生态监测	初	终	精	水温	水情	气象	比降	水情降	地下水	水质
6.遥测雨量站	18	南王庄	50628651	112°59'19"	33°26'16"	河南省南阳市方城县拐河镇南王庄	淮河	洪泽湖	澧河		√																	
	19	果木庄	50628653	112°58'55"	33°30'36"	河南省南阳市方城县拐河镇果木庄	淮河	洪泽湖	澧河		√																	
	20	神林	50625003	112°55'40"	33°34'24"	河南省南阳市方城县四里店乡神林	淮河	洪泽湖	澧河		√																	
	21	善庄	50625004	112°52'39"	33°34'58"	河南省南阳市方城县四里店乡善庄	淮河	洪泽湖	澧河		√																	
	22	后楼	62051902	112°54'32"	33°16'05"	河南省南阳市方城县清河乡后楼	长江	唐白河	小清河		√																	
	23	陈茨园	62052104	112°42'22"	33°16'52"	河南省南阳市方城县广阳镇陈茨园	长江	唐白河	白条河		√																	
	24	前刘庄	62052105	112°40'23"	33°10'30"	河南省南阳市方城县博望镇前刘庄	长江	唐白河	白条河		√																	
	25	小屯	62023654	112°21'54"	33°05'28"	河南省南阳市卧龙区安皋镇小屯	长江	唐白河	兰溪河		√																	
	26	西梁庄	62023655	112°24'54"	32°53'20"	河南省南阳市卧龙区潦河坡乡西梁庄	长江	唐白河	潦河		√																	
	27	周沟	62023651	112°26'48"	33°13'20"	河南省南阳市卧龙区潦河镇周沟	长江	唐白河	潦河		√																	
	28	崔坊	62023653	112°23'32"	33°12'55"	河南省南阳市卧龙区潦河镇崔坊	长江	唐白河	潦河		√																	

续表 2-2

站类	序号	站名	测站编码	东经	北纬	测站地址	流域	水系	河名	集水面积(km²)	降水量	水位	流量	单沙	输沙率	蒸发量	水文调查	生态监测	初终霜	水温	冰情	气象	比降	水情	降水质	地下水
	29	赵官庄	62021403	112°31′55″	33°05′53″	河南省南阳市卧龙区蒲山镇赵官庄	长江	唐白河	白河		√															
	30	石桥二村	62021401	112°37′12″	33°10′56″	河南省南阳市卧龙区石桥镇石桥二村	长江	唐白河	白河		√															
	31	雷庄	62021404	112°31′14″	33°03′29″	河南省南阳市卧龙区七里园乡雷庄	长江	唐白河	白河		√															
	32	杨树岗水库	62023652	112°25′59″	33°10′19″	河南省南阳市卧龙区谢庄乡杨树岗水库	长江	唐白河	兰溪河		√															
	33	新店	62021405	112°38′46″	33°04′48″	河南省南阳市宛城区新店乡水管所	长江	唐白河	白河		√															
6.遥测雨量站	34	三八	62045002	112°37′44″	32°51′32″	河南省南阳市宛城区汉冢乡三八	长江	唐白河	涧河		√															
	35	徐营	62024701	112°00′25″	33°10′37″	河南省南阳市镇平县高丘镇徐营	长江	唐白河	严陵河		√															
	36	曲屯	62049105	112°04′44″	33°02′35″	河南省南阳市镇平县曲屯镇曲屯	长江	唐白河	小黑河		√															
	37	安国	62050002	112°14′56″	33°03′29″	河南省南阳市镇平县城郊乡安国	长江	唐白河	淮河		√															
	38	西黑龙庙	62049104	112°03′07″	32°56′20″	河南省南阳市镇平县贾宋镇西黑龙庙	长江	唐白河	小黑河		√															
	39	姜庄	62050003	112°16′01″	32°55′08″	河南省南阳市镇平县安子营乡姜庄	长江	唐白河	淮河		√															

续表 2-2

站类		站名	测站编码	东经	北纬	测站地址	流域	水系	河名	集水面积(km²)	降水量
	40	刘家岗	62050001	112°13′44″	33°06′07″	河南省南阳市镇平县城郊乡刘家岗	长江	唐白河	洪河		√
	41	四山	62049101	112°06′04″	33°13′16″	河南省南阳市镇平县四山乡四山	长江	唐白河	严陵河		√
	42	马家场	62022692	112°16′23″	33°12′18″	河南省南阳市镇平县老庄镇马家场	长江	唐白河	严陵河		√
	43	玉皇庙	62022691	112°14′17″	33°10′08″	河南省南阳市镇平县老庄镇玉皇庙	长江	唐白河	西赵河		√
	44	韩营	62049106	112°07′41″	33°10′08″	河南省南阳市镇平县高丘镇韩营	长江	唐白河	洪河		√
6. 遥测雨量站	45	青山前	62049102	112°03′58″	33°12′58″	河南省南阳市镇平县四山乡青山前	长江	唐白河	唐河		√
	46	街北村	62049107	112°06′11″	33°02′31″	河南省南阳市镇平县晁陂镇街北村	长江	唐白河	唐河		√
	47	东赵营	62049108	112°07′44″	32°56′31″	河南省南阳市镇平县张林乡东赵营	长江	唐白河	沙河		√
	48	方山水库	62024702	112°02′17″	33°11′46″	河南省南阳市镇平县高丘乡方山水库	长江	唐白河	砚河		√
	49	太子寺	62021411	112°19′48″	32°58′44″	河南省南阳市镇平县彭营乡太子寺	长江	唐白河	白河		√
	50	东田	62016003	112°58′52″	33°07′19″	河南省南阳市社旗县东田	长江	唐白河	桐河		√

基本观测项目：降水量、水位、流量、单沙、输沙率、蒸发量、水文调查、生态监测

辅助观测项目：初霜、终霜、水温、冰情、气象、比降、水情、降水质、地下水

续表 2-2

站类	站名		测站编码	经纬度		测站地址	流域	水系	河名	集水面积（km²）	降水量	水位	流量	单沙	输沙率	蒸发量	水文调查	生态监测	初霜	终霜	水温	冰情	气象	墒情	比降	水质	地下水
				东经	北纬																						
	51	贾寨	62016004	113°04′37″	33°06′04″	河南省南阳市社旗县陌陂乡贾寨	长江	唐白河	白河		√																
	52	郝寨镇	62026202	113°02′10″	33°00′30″	河南省南阳市社旗县郝寨镇	长江	唐白河	桐河		√																
	53	朱集乡	62017114	113°08′42″	32°51′53″	河南省南阳市社旗县朱集乡	长江	唐白河	马河		√																
	54	湾刘水库	62026201	112°52′08″	32°57′29″	河南省南阳市社旗县青台镇湾刘水库	长江	唐白河	白河		√																
	55	桥头镇	62017601	112°48′36″	33°03′14″	河南省南阳市社旗县桥头镇	长江	唐白河	白河		√																
6.遥测雨量站	56	圭章水库	62026203	112°58′30″	32°56′42″	河南省南阳市社旗县兴隆镇圭章水库	长江	唐白河	赵河		√																
	57	半坡水库	62026205	112°52′59″	32°51′22″	河南省南阳市社旗县李店乡半坡水库	长江	唐白河	赵河		√																
	58	苗店镇	62053101	113°03′04″	32°55′41″	河南省南阳市社旗县苗店镇	长江	唐白河	贾河		√																
	59	彰新寨	62016002	112°54′29″	33°04′37″	河南省南阳市社旗县社旗镇彰新寨	长江	唐白河	白河		√																
	60	栗盘	62016005	112°51′25″	32°57′11″	河南省南阳市社旗县李店镇栗盘村	长江	唐白河	洞河		√																
	61	度庄	50625002	112°49′34″	33°25′41″	河南省南阳市方城县四里店乡度庄	长江	唐白河	白河		√																

续表 2-2

站类		站名	测站编码	经纬度 东经	经纬度 北纬	测站地址	流域	水系	河名	集水面积（km²）	降水量	水位	流量	单沙	输沙率	蒸发	水文调查	生态监测	初测终精	水温	水情	气象	比降	降水质	地下水
	62	栗园河	62051903	112°54'32"	33°16'05"	河南省南阳市方城县赵河镇栗园河	长江	唐白河	西赵河		√														
	63	牛世隆	50629453	113°12'07"	33°21'54"	河南省南阳市方城县杨楼乡牛世隆	长江	唐白河	西赵河		√														
	64	蒲山二村	62021402	112°37'12"	33°10'56"	河南省南阳市卧龙区蒲山镇蒲山二村	长江	唐白河	严陵河		√														
	65	曾庄	62045003	112°37'44"	32°51'32"	河南省南阳市宛城区金华乡曾庄村	长江	唐白河	洞河		√														
	66	黄台岗镇	62045001	112°30'54"	32°45'46"	河南省南阳市宛城区黄台岗镇范蠡村	长江	唐白河	溧河		√														
6.遥测雨量站	67	石庙	62024005	111°50'15"	33°08'52"	河南省南阳市镇平县二龙乡石庙村	长江	唐白河	桂河		√														
	68	官寺	62049109	112°07'44"	32°56'31"	河南省南阳市镇平县黑龙集乡官寺	长江	唐白河	白河		√														
	69	大河东	62049103	112°03'58"	33°12'58"	河南省南阳市镇平县户医镇大河东	长江	唐白河	白河		√														
	70	朱庄	50220174	113°31'12"	32°31'48"	河南省南阳市社旗县朱庄乡朱庄	长江	唐白河	白河		√														
	71	栗园水库	62027803	113°06'29"	32°26'02"	河南省南阳市社旗县新集乡栗园水库	长江	唐白河	白河		√														
	72	井楼	62017011	113°08'42"	33°01'24"	河南省南阳市社旗县下洼乡井楼	长江	唐白河	兰溪河		√														

续表 2-2

站类		站名	测站编码	经纬度		测站地址	流域	水系	河名	集水面积（km²）	基本观测项目							辅助观测项目							
				东经	北纬						降水量	水位	流量	单沙	输沙率	蒸发量	水文调查	生态监测	初终霜	水温	气象	比降	水情	降水	水质	地下水
6. 遥测雨量站	73	百亩堰水库	62026204	112°58′30″	32°56′42″	河南省南阳市社旗县李店乡百亩堰水库	长江	唐白河	白河		√														
7. 遥测水位站	1	冢岗庙	62012660	112°19′48″	33°07′12″	河南省南阳市南召县石桥乡	长江	唐白河			√	√													
	2	高丘	62015550	112°03′40″	33°09′59″	河南省南阳市镇平县高丘镇高丘村	长江	唐白河			√	√													
	3	彭李坑	62012680	112°20′18″	33°08′49″	河南省南阳市安皋乡	长江	唐白河			√	√													
	4	塔子沟水库	62011410	112°28′00″	33°06′00″	河南省南阳市卧龙区安皋乡赵庄	长江	唐白河			√	√													
	5	何坪水库	62011420	112°23′00″	33°08′00″	河南省南阳市卧龙区谢庄乡刘庄	长江	唐白河			√	√													
	6	土门水库	62052120	113°00′00″	33°22′00″	河南省南阳市方城县杨集乡尹庄	长江	唐白河			√	√													
	7	湾潭水库	62052130	112°54′00″	33°25′00″	河南省南阳市方城县四里店乡三管庙	长江	唐白河			√	√													
	8	白秀沟水库	50628220	113°01′00″	33°33′00″	河南省南阳市方城县拐河镇白秀沟	长江	唐白河			√	√													

续表 2-2

站类	序号	站名	测站编码	东经	北纬	测站地址	流域	水系	河名	集水面积(km²)	降水量	水位	流量	单沙	输沙率	蒸发量	水文调查	生态监测	初	终	霜	水温	气象	墒情	比降	水质	地下水
8.固定墒情站	1	南阳	620A1400	112°37'00"	33°01'00"	河南省南阳市宛城区白河镇盆窑	长江	唐白河	白河	4 050														✓			
	2	赵湾	620A5300	112°09'33"	33°07'16"	河南省南阳市镇平县石佛寺镇赵湾村	长江	唐白河	西赵河	205														✓			
	3	社旗	620A6000	112°21'00"	32°32'00"	河南省新野县城郊乡西瓦店村	长江	唐白河	白河	1 044														✓			
	4	罗汉山	620A1900	112°51'00"	33°16'00"	河南省方城县袁店乡袁店村	长江	唐白河	赵河															✓			
9.移动墒情站	1	青华	620A1401	112°19'23"	32°52'49"	河南省青华乡男寨村	长江	唐白河																✓			
	2	谢庄	620A1402	112°28'49"	33°05'06"	河南省谢庄乡孙庄村	长江	唐白河																✓			
	3	红泥湾	620A1403	112°42'49"	33°03'22"	河南省红泥湾镇红泥湾村	长江	唐白河																✓			
	4	茶庵	620A1404	112°41'25"	32°56'07"	河南省茶庵乡茶庵村	长江	唐白河																✓			
	5	瓦店	620A1405	112°30'46"	32°44'47"	河南省瓦店镇老店村	长江	唐白河																✓			
	6	高峰	620A5301	112°06'36"	33°10'12"	河南省镇平县二龙乡石庙村	长江	唐白河																✓			
	7	芦医	620A5302	112°01'48"	33°03'36"	河南省镇平县芦医镇芦医街南	长江	唐白河																✓			
	8	贾宋	620A5303	112°01'48"	32°34'12"	河南省镇平县贾宋镇黑龙庙村	长江	唐白河																✓			

续表2-2

站类	序号	站名	测站编码	东经	北纬	测站地址	流域	水系	河名	集水面积(km²)	降水量	水位	流量	单沙	输沙率	蒸发	水文调查	生态监测	水温	冰情	气象	墒情	比降	水质	地下水
	9	镇平	620A5304	112°09′00″	33°01′12″	河南省镇平县城关镇北关	长江	唐白河														√			
	10	高丘	620A5305	112°03′37″	33°10′01″	河南省镇平县高丘水库	长江	唐白河														√			
	11	四里店	620A1901	112°54′50″	33°28′03″	河南省方城县四里店乡	长江	唐白河														√			
	12	白秀沟	620A1902	113°01′19″	33°30′53″	河南省方城县白秀沟水库	长江	唐白河														√			
	13	独树	620A1903	113°09′24″	33°19′48″	河南省方城县独树镇	长江	唐白河														√			
9.移动墒情站	14	小史店	620A1904	113°19′15″	33°09′17″	河南省方城县小史店乡	长江	唐白河														√			
	15	罗汉山	620A1905	112°30′36″	33°09′36″	河南省方城县袁店乡袁店庄	长江	唐白河														√			
	16	饶良	620A6001	113°01′48″	32°31′48″	河南省社旗县饶良乡饶良	长江	唐白河														√			
	17	坑黄	620A6002	113°05′38″	33°00′09″	河南省社旗县下洼乡坑黄	长江	唐白河														√			
	18	桥头	620A6003	112°48′36″	33°03′40″	河南省社旗县桥头乡	长江	唐白河														√			
	19	青台	620A6004	112°53′59″	32°56′21″	河南省社旗县青台乡	长江	唐白河														√			
	20	姚营	620A6005	112°52′48″	33°05′00″	河南省社旗县下洼乡姚营村	长江	唐白河														√			

2.2 西峡水文局

西峡水文局测区范围为西峡县、淅川县,卢氏及栾川县境内的 8 个基本雨量站。

西峡县总面积 3 454 km²,位于河南省西南部,伏牛山南麓,东经 111°01′~111°46′,北纬 33°05′~33°48′。西峡县地处"三带三线":豫鄂陕三省交汇带,古华北板块和扬子板块缝合带,八百里伏牛山腹心地带,境内地形复杂,北部是海拔高、坡度大的中低山地,南部是鹳河谷地,两侧是起伏大的低山丘岭。全县最高山峰犄角尖海拔 2 212.5 m,最低点位于丹水镇马边村,海拔 181 m,自然坡降为 33‰。西峡县处于亚热带向暖湿带过渡地带,属暖温带大陆性季风气候,气候温和,雨量适中,光照充足,年均气温 15.1 ℃,年均降水量 830 mm 左右,全年无霜期 236.2 d,年均日照时数 2 019 h。境内河流众多,主要河流有鹳河、淇河、峡河、双龙河、丹水河等。

淅川县位于河南省西南部,与陕西省、湖北省相邻,北纬 32°55′~33°23′,东经 110°58′~111°53′,总面积 2 820 km²,总人口 67 万。淅川地形窄长,自西北向东南斜长 107 km,中部横宽 46 km。地貌高低落差很大,境内北、西、南三面环山,形成西北突起、略向东南倾斜的马蹄地形。境内最高海拔 1 086 m,最低海拔 120 m,平均海拔 567.67 m。淅川气候温和,资源丰富,属北亚热带向暖温带过渡的季风性气候,四季分明,雨量充沛,年均日照时数 1 881.5 h,年均降水量 802.9 mm,年均气温 15.7 ℃,无霜期最长 263 d、最短 208 d。

2.2.1 西峡水文局测区站网情况

西峡水文局测区属于长江流域。根据河湖普查成果,测区内 50 km² 以上河流:西峡县 26 条,淅川县 27 条。测区内现有 3 座中型水库和 86 座小型水库。

测区内现有基本水文站 4 处,基本雨量站 31 处,中小河流水文巡测站 6 处,遥测雨量站 69 处,固定墒情站 2 处,移动墒情站 10 处,水质站 1 处。具体见表 2-3。

表 2-3 西峡水文局测区站网现状统计表

站类代码	项目	流量	水位	降水量	蒸发量	输沙率	单沙	水温	水生态	墒情固定	墒情移动	水质	地下水
1	基本水文站	3	4	4	2	1	2	2					
2	中小河流水文巡测站	6	6	6									
3	中小河流水位站		3	3									
4	基本雨量站			31									
5	遥测雨量站			69									
6	遥测水位站		7	7									
7	固定墒情站									2			
8	移动墒情站										10		
9	地表水水质站											1	
	合计	9	20	120	2	1	2	2		2	10	1	0

注:雨量站是指只有降水量观测或降水量与蒸发量观测的站,地下水、墒情、水质站是指只有该项目的站。

2.2.2 西峡水文局测区站网分布图

西峡水文局测区站网分布图见图2-3。

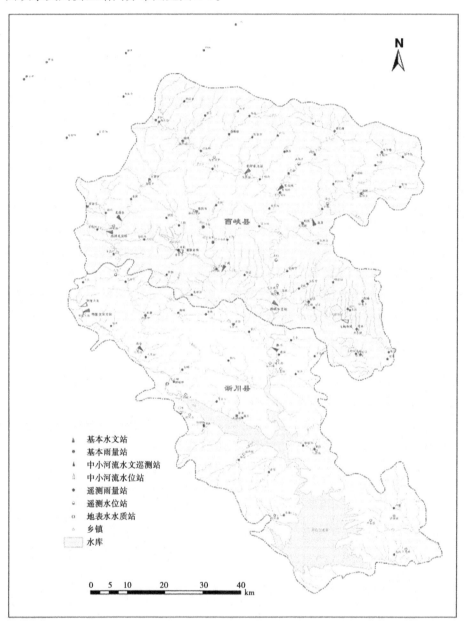

基本水文站
基本雨量站
中小河流水文巡测站
中小河流水位站
遥测雨量站
遥测水位站
地表水水质站
乡镇
水库

图 2-3　西峡水文局测区站网分布图

2.2.3 西峡水文局测区站网管理任务一览表

西峡水文局测区下辖各类站点管理任务一览表见表2-4。

表2-4　西峡水文局测区下辖各类站点管理任务一览表

站类		站名	测站编码	经纬度		测站地址	流域	水系	河名	集水面积（km²）	基本观测项目							辅助观测项目									
				东经	北纬						降水量	水位	流量	单沙	输沙率	蒸发	水生态调查监测	初	终	精	水温	水象	气情	墒情	比降	水质	地下水
1. 基本水文站	1	荆紫关水文站	62001700	111°00′46.8″	33°14′56.4″	河南省淅川县荆紫关镇又王坪村	长江	丹江	丹江	7 086	√	√	√	√	√	√				√	√		√		√	√	√
	2	西坪水文站	62006200	111°04′31.0″	33°25′15.1″	河南省西峡县西坪镇操场村	长江	丹江	淇河	911	√	√	√	√	√						√						√
	3	米坪水文站	62008200	111°22′25.3″	33°35′07.3″	河南省西峡县米坪镇金钟寺村	长江	丹江	老灌河	1 404	√	√	√	√	√					√	√						
	4	西峡水文站	62008700	111°28′40.8″	33°15′36.4″	河南省西峡县五里桥稻田沟村	长江	丹江	老灌河	3 418	√	√	√	√	√	√				√	√		√		√	√	√
2. 中小河流水文巡测站	1	尚台	62006600	111°09′43.6″	33°09′16.9″	河南省淅川县寺湾乡尚台村	长江	丹江	淇河	1 414	√	√	√														
	2	花园关	62006750	111°06′38.2″	33°27′23.8″	河南省西峡县西坪镇花园关村	长江	丹江	峡河	187	√	√	√														
	3	淅川	62008830	111°28′02.3″	33°09′39.2″	河南省淅川县金河镇花园村	长江	丹江	老灌河	3 532	√	√	√														
	4	军马河	62008950	111°28′40.8″	33°31′53.4″	河南省西峡县军马河镇军马河村	长江	丹江	军马河	252	√	√	√														
	5	双龙	62009000	111°33′23.8″	33°27′46.1″	河南省西峡县双龙镇河南村	长江	丹江	蛇尾河	426	√	√	√														
	6	丁河	62009150	111°20′44.9″	33°20′52.1″	河南省西峡县丁河镇丁河村	长江	丹江	丁河	366	√	√															

续表 2-4

站类	站名	测站编码	经纬度 东经	经纬度 北纬	测站地址	流域	水系	河名	集水面积 (km²)	降水量	水位	流量	单沙	输沙率	蒸发	水文调查	生态监测	初霜	终霜	水温	冰情	气象	比降	墒情	水质	地下水
3.中小河流水位站	1 荆紫关集	62001702	111°00′29.1″	33°16′21.3″	河南省淅川县荆紫关镇北街村	长江	丹江	备战渠		√	√															
	2 重阳水库	62009600	111°14′50.6″	33°23′50.7″	河南省西峡县重阳乡重阳村	长江	丹江	奎岭河		√	√															
	3 七峪水库	62046900	111°37′23.5″	33°14′09.8″	河南省西峡县丹水镇七峪	长江	唐白河	丹水河		√	√															
4.基本雨量站	1 淅川	62001800	111°29′00.0″	33°09′00.0″	河南省淅川县农村信用联社	长江	丹江	老灌河		√																
	2 安沟	62001820	111°18′32.4″	33°14′37.3″	河南省淅川县毛堂乡安沟村	长江	丹江	索河		√																
	3 磨峪湾	62001822	111°14′02.4″	33°05′12.8″	河南省淅川县大石桥乡磨峪湾村	长江	丹江	丹江		√																
	4 白沙岗	62001823	111°16′01.2″	32°56′16.8″	河南省淅川县滔河乡白沙岗村	长江	丹江	丹江		√																
	5 仓坊	62001824	111°29′45.6″	32°46′39.0″	河南省淅川县仓房乡候坡村	长江	丹江	丹江		√																
	6 狮子坪	62028000	110°52′12.0″	33°47′25.4″	河南省卢氏县狮子坪乡狮子坪	长江	丹江	淇河		√																
	7 里曼坪	62028200	110°58′22.8″	33°39′13.3″	河南省卢氏县瓦窑沟乡里曼坪	长江	丹江	淇河		√																
	8 瓦窑沟	62028400	111°02′56.4″	33°39′42.5″	河南省卢氏县瓦窑沟乡瓦窑沟	长江	丹江	淇河		√																

续表 2-4

站类	序号	站名	测站编码	东经	北纬	测站地址	流域	水系	河名	集水面积(km²)	降水量	水位	流量	单沙	输沙率	蒸发量	水文调查	生态监测	初霜	终霜	水温	水情	气象	比降	水质	地下水
	9	罗家庄	62028600	111°01′29.6″	33°29′38.4″	河南省西峡县西坪镇罗家庄村	长江	丹江	杨淇洪河		√															
	10	方家庄	62029100	111°10′48.0″	33°34′04.1″	河南省西峡县寨根乡寨根	长江	丹江	峡河		√															
	11	西簧	62030200	111°09′54.0″	33°14′26.5″	河南省淅川县西簧乡西簧街	长江	丹江	淇河		√															
	12	城关	62032400	111°22′00.0″	32°59′00.0″	河南省淅川县老城镇醋厂	长江	丹江	丹江		√															
	13	香山	62032800	110°55′26.4″	33°49′46.2″	河南省卢氏县双槐树乡香山村	长江	丹江	老灌河		√															
4. 基本雨量站	14	三川	62033000	111°23′02.4″	33°55′55.2″	河南省栾川县三川乡东地村	长江	丹江	叫河		√															
	15	叫河	62033200	111°18′14.4″	33°51′24.5″	河南省栾川县叫河乡麻沟村	长江	丹江	叫河		√															
	16	黄坪	62033400	111°07′00.0″	33°51′00.0″	河南省卢氏县汤河乡前边村	长江	丹江	汤河		√															
	17	朱阳关	62033600	111°06′39.6″	33°44′58.2″	河南省卢氏县朱阳关乡莫家营	长江	丹江	老灌河		√															
	18	桑坪	62033800	111°15′14.4″	33°38′46.7″	河南省西峡县桑坪镇桑坪	长江	丹江	老灌河		√															
	19	黑烟镇	62034000	111°21′46.8″	33°39′54.7″	河南省西峡县石界河乡黑烟镇村	长江	丹江	老灌河		√															

续表2-4

站类		站名	测站编码	经纬度		测站地址	流域	水系	河名	集水面积(km²)	基本观测项目								辅助观测项目								
				东经	北纬						降水量	水位	流量	单沙	输沙率	蒸发量	水文调查	生态监测	初霜	终霜	水温	冰情	气象	墒情	比降	水质	地下水
	20	新庄	62034700	111°29'45.2"	33°37'17.0"	河南省西峡县米坪镇大庄村	长江	丹江	官山河		√																
	21	黄石庵	62035100	111°37'26.4"	33°40'25.0"	河南省西峡县太平镇乡黄石庵	长江	丹江	军马河		√																
	22	军马河	62035300	111°29'09.6"	33°31'35.0"	河南省西峡县军马河乡军马河	长江	丹江	军马河		√																
	23	太平镇	62035500	111°43'40.8"	33°37'09.8"	河南省西峡县太平镇乡太平镇	长江	丹江	蛇尾河		√																
	24	二郎坪	62035700	111°40'44.4"	33°31'26.4"	河南省西峡县二郎坪乡二郎坪	长江	丹江	蛇尾河		√																
	25	蛇尾	62035900	111°32'24.0"	33°27'16.2"	河南省西峡县双龙镇土桥岗	长江	丹江	蛇尾河		√																
	26	重阳	62036300	111°14'24.0"	33°23'50.3"	河南省西峡县重阳乡重阳村	长江	丹江	丁河		√																
	27	陈阳坪	62036500	111°16'12.0"	33°29'43.4"	河南省西峡县丁河镇陈阳坪	长江	丹江	陈阳河		√																
	28	丁河	62036700	111°20'02.4"	33°20'56.0"	河南省西峡县丁河镇丁河	长江	丹江	丁河		√																
4.基本雨量站	29	黄庄	62038100	111°34'00.0"	32°56'00.0"	河南省淅川县马蹬镇黄庄街	长江	丹江	丹江		√																
	30	丹水	62046700	111°40'08.4"	33°12'33.8"	河南省西峡县丹水镇丹水村	长江	唐白河	丹水河		√																

续表2-4

站类		站名	测站编码	经纬度		测站地址	流域	水系	河名	集水面积（km²）	基本观测项目								辅助观测项目							
				东经	北纬					降水量	水位	流量	单沙	输沙率	蒸发量	水文调查	生态监测	初霜	终霜	水温	冰情	气象	比降	水情	地下水质降水
4.基本雨量站	31	阳城	62046800	111°40'58.8"	33°16'27.8"	河南省西峡县阳城乡阳城村	长江	唐白河	阳城河		√															
	1	秋树沟	62001826	111°15'28.8"	33°44'17.2"	河南省西峡县丁河镇秋树沟	长江	丹江	瓦川河		√															
	2	洪湖	62001827	111°33'05.8"	33°18'51.5"	河南省西峡县重阳乡洪湖	长江	丹江	杨淐河		√															
	3	黄沙	62007800	111°26'09.6"	33°26'53.2"	河南省西峡县桑坪镇黄沙	长江	丹江	老灌河		√															
	4	石灰岭	62007850	111°38'52.8"	33°15'21.6"	河南省西峡县桑坪镇石灰岭	长江	丹江	老灌河		√															
5.遥测雨量站	5	大坪	62008100	111°20'06.0"	33°02'27.6"	河南省西峡县石界河乡大坪	长江	丹江	烟镇河		√															
	6	子母沟	62008210	111°44'34.8"	33°08'24.0"	河南省西峡县米坪镇子母沟	长江	丹江	子母沟		√															
	7	酒馆	62008300	111°24'43.2"	33°12'10.8"	河南省西峡县军马河乡酒馆	长江	丹江	长探河		√															
	8	大龙庙	62021801	111°39'32.4"	33°33'55.8"	河南省淅川县上集镇大龙庙	长江	丹江	淅河		√															
	9	梁凹	62021802	111°19'58.8"	33°29'48.8"	河南省淅川县上集镇梁凹	长江	丹江	淅河		√															
	10	关帝	62021803	111°30'10.8"	33°20'38.4"	河南省淅川县上集镇关帝	长江	丹江	老灌河		√															

续表2-4

站类	序号	站名	测站编码	经纬度 东经	经纬度 北纬	测站地址	流域	水系	河名	集水面积（km²）	基本观测项目 降水量	水位	流量	单沙	输沙率	蒸发量	水文调查	生态监测	辅助观测项目 初终霜	水温	冰情	气象	墒情	比降	水质	地下水
	11	曹庄	62021805	111°00'50.4"	33°19'04.8"	河南省淅川县毛堂乡曹庄	长江	丹江	鹳河		√															
	12	袁岭	62021820	111°34'08.0"	33°08'46.7"	河南省淅川县大石桥乡袁岭	长江	丹江	纸坊沟		√															
	13	桐柏庙	62021822	111°23'06.0"	33°42'53.6"	河南省淅川县马蹬镇桐柏庙	长江	丹江	丹江		√															
	14	毕家台	62021823	111°21'36.0"	33°25'01.2"	河南省淅川县大石桥乡毕家台	长江	丹江	丹江		√															
	15	新建	62021824	111°22'58.8"	33°00'28.8"	河南省淅川县老城镇新建	长江	丹江	丹江		√															
5. 遥测雨量站	16	党院	62021825	111°04'26.4"	33°32'31.9"	河南省淅川县毛堂乡党院	长江	丹江	鹳河		√															
	17	刘伙	62021826	111°12'54.0"	33°28'04.4"	河南省淅川县滔河乡刘伙	长江	丹江	丹江		√															
	18	杨岗	62021827	111°33'18.0"	33°16'22.8"	河南省淅川县盛湾镇杨岗	长江	丹江	樵峪河		√															
	19	张河	62021829	111°28'48.0"	33°17'34.8"	河南省淅川县九重镇张河	长江	丹江	张河		√															
	20	裴营	62021830	111°14'02.4"	33°29'02.4"	河南省淅川县盛湾镇裴营	长江	丹江	樵峪河		√															
	21	涧沟	62021831	111°30'44.6"	33°11'00.2"	河南省淅川县金河镇涧沟	长江	丹江	嵩坪河		√															

续表 2-4

站类		站名	测站编码	经纬度 东经	经纬度 北纬	测站地址	流域	水系	河名	集水面积（km²）	降水量	水位	流量	单沙量	输沙率	蒸发量	水文调查	生态监测	初温	终温	水情	气象	比降	降情	地下水水质
	22	行上	62023810	111°19′26.4″	33°34′53.8″	河南省西峡县石界河乡行上	长江	丹江	野牛沟		√														
	23	卢嘴	62025601	111°36′46.8″	33°19′04.8″	河南省淅川县厚坡镇卢嘴	长江	丹江	刁河		√														
	24	德河	62028630	111°02′52.8″	33°26′27.2″	河南省西峡县西坪镇德河	长江	丹江	淇河		√														
	25	香坊沟	62028650	111°12′57.6″	33°20′08.2″	河南省西峡县重阳镇香坊沟	长江	丹江	水峡河		√														
	26	阳栗坪	62034001	111°11′34.8″	33°40′59.2″	河南省西峡县米坪镇阳栗坪	长江	丹江	老灌河		√														
5.遥测雨量站	27	石门	62034710	111°33′15.1″	33°18′12.6″	河南省西峡县米坪镇石门	长江	丹江	羊沟		√														
	28	上口	62035101	111°09′57.2″	33°08′39.1″	河南省西峡县太平镇乡上口	长江	丹江	长探河		√														
	29	白果	62035310	111°21′46.8″	33°08′09.6″	河南省西峡县军马河乡白果	长江	丹江	长探河		√														
	30	清凉泉	62035320	111°34′04.8″	33°36′52.2″	河南省西峡县桑坪镇清凉泉	长江	丹江	老灌河		√														
	31	莎草沟	62035321	111°46′19.2″	33°32′21.5″	河南省西峡县双龙镇莎草沟	长江	丹江	老灌河		√														
	32	西万沟	62035322	111°31′26.4″	33°06′18.0″	河南省西峡县桑坪镇西万沟	长江	丹江	万沟		√														

续表2-4

站类	序号	站名	测站编码	东经	北纬	测站地址	流域	水系	河名	集水面积(km²)	降水量	水位	流量	单沙	输沙率	蒸发	水文调查	生态监测	初霜	终霜	水温	气象	墒情	比降	水质	地下水
5. 遥测雨量站	33	宝玉河	62035330	111°18′18.0″	32°58′52.7″	河南省西峡县双龙镇宝玉河	长江	丹江	老灌河		∨															
	34	张庄	62035340	111°14′38.4″	33°14′49.2″	河南省西峡县桑坪镇张庄	长江	丹江	仓房沟		∨															
	35	杨盘	62035350	111°45′32.4″	32°47′38.4″	河南省西峡县石界河乡杨盘	长江	丹江	烟镇河		∨															
	36	银寺沟	62035501	111°07′01.2″	33°19′08.4″	河南省西峡县太平镇银寺沟	长江	丹江	蛇尾河		∨															
	37	栗坪	62035710	111°44′45.6″	33°09′21.6″	河南省西峡县二郎坪乡栗坪	长江	丹江	二郎坪河		∨															
	38	草湖岭	62035720	111°27′36.0″	32°52′37.2″	河南省西峡县二郎坪乡草湖岭	长江	丹江	大庙河		∨															
	39	西庄河	62035721	111°24′03.6″	33°20′06.0″	河南省西峡县二郎坪乡西庄河	长江	丹江	蛇尾河		∨															
	40	下河	62035723	111°16′33.6″	33°17′20.4″	河南省西峡县太平镇下河	长江	丹江	蛇尾河		∨															
	41	小集	62035724	111°07′48.0″	33°30′40.0″	河南省西峡县双龙镇小集	长江	丹江	蛇尾河		∨															
	42	瓦房店	62035740	111°27′36.0″	33°29′21.8″	河南省西峡县西坪镇瓦房店	长江	丹江	鸡昕河		∨															
	43	虫蚜	62036520	111°33′50.4″	33°41′09.6″	河南省西峡县陈阳坪乡虫蚜	长江	丹江	龙庄沟		∨															

续表2-4

站类		站名	测站编码	经纬度		测站地址	流域	水系	河名	集水面积(km²)	基本观测项目								辅助观测项目							
				东经	北纬						降水量	水位	流量	单沙	输沙率	蒸发量	水文调查	生态监测	初霜	终霜	水温	水情	气象	比降	降水	地下水水质
	44	大竹	62036701	111°17′49.2″	33°37′21.7″	河南省西峡县丁河镇大竹	长江	丹江	丁河		√															
	45	瓦房庄	62036710	111°40′04.8″	33°09′07.2″	河南省西峡县双龙镇瓦房庄	长江	丹江	蛇尾河		√															
	46	黑漆河	62036720	111°27′54.0″	33°39′24.1″	河南省西峡县西坪镇黑漆河	长江	丹江	黑漆河		√															
	47	毛家庄	62036721	111°18′11.2″	33°26′48.5″	河南省淅川县西簧乡毛家庄	长江	丹江	淇河		√															
	48	大扒	62036722	111°40′44.4″	33°09′00.0″	河南省淅川县荆紫关镇大扒	长江	丹江	丹江		√															
5.遥测雨量站	49	杨湾	62036723	111°32′31.2″	32°56′20.4″	河南省淅川县寺湾镇杨湾	长江	丹江	丹江		√															
	50	火星庙	62036724	111°34′37.2″	33°24′31.3″	河南省淅川县寺湾镇火星庙	长江	丹江	丹江		√															
	51	柳树	62036725	111°05′13.2″	33°23′01.0″	河南省淅川县西簧乡柳树	长江	丹江	瓦川河		√															
	52	德胜	62036730	111°31′52.7″	33°18′12.6″	河南省西峡县重阳乡德胜	长江	丹江	丁河		√															
	53	古峪	62036731	111°11′56.4″	33°43′39.0″	河南省西峡县陈阳坪乡古峪	长江	丹江	丁河		√															
	54	寺山	62036732	111°36′46.8″	33°32′45.6″	河南省西峡县陈阳坪乡寺山	长江	丹江	陈阳河		√															

续表 2-4

站类		站名	测站编码	经纬度		测站地址	流域	水系	河名	集水面积(km²)	基本观测项目								辅助观测项目							
				东经	北纬					降水量	水位	流量	单沙	输沙率	蒸发	水文调查	生态监测	初霜	终霜	水温	冰情	气象	墒情	比降	地下水水质
	55	桑树	62036740	111°42'46.8"	33°35'27.6"	河南省西峡县寨根乡桑树	长江	丹江	峡河		√															
	56	前营	62036800	111°09'43.2"	33°25'03.4"	河南省西峡县五里桥乡前营	长江	丹江	丁河		√															
	57	石岭河水库	62044101	111°42'46.8"	33°35'27.6"	河南省西峡县田关乡石岭河水库	长江	丹江	黄水河		√															
	58	南湾	62046701	111°22'58.8"	33°00'28.8"	河南省西峡县丹水镇南湾	长江	唐白河	丹水河		√															
	59	袁庄	62046801	111°25'08.4"	33°39'18.0"	河南省西峡县丹水镇袁庄	长江	唐白河	丹水河		√															
5. 遥测雨量站	60	黑虎庙	62046802	111°18'18.0"	32°58'52.7"	河南省西峡县丹水镇黑虎庙	长江	丹江	古庄河		√															
	61	北回	62046803	111°24'43.2"	33°42'14.8"	河南省西峡县丹水镇北回村	长江	唐白河	丹水河		√															
	62	田关	62046804	111°04'52.7"	33°12'59.0"	河南省西峡县田关乡田关村	长江	丹江	黄水河		√															
	63	别沟	62046805	111°46'41.2"	33°36'33.5"	河南省西峡县田关乡别沟村	长江	丹江	古庄河		√															
	64	杜店	62048251	111°15'14.4"	33°06'54.0"	河南省西峡县回车镇杜店	长江	丹江	古庄河		√															
	65	吴岗	62048252	111°39'11.9"	33°15'11.9"	河南省西峡县回车镇吴岗	长江	丹江	八迭河		√															

续表2-4

站类		站名	测站编码	经纬度 东经	经纬度 北纬	测站地址	流域	水系	河名	集水面积(km²)	基本观测项目 降水量	水位	流量	单沙	输沙率	蒸发量	水文调查	生态监测	辅助观测项目 初霜终霜	水温	水情	气象	比降	墒情	水质	地下水
5.遥测雨量站	66	八迭堂	62048253	111°45′36.0″	32°41′09.6″	河南省西峡县回车镇八迭堂	长江	丹江	八迭河		√															
	67	慈梅寺	62048254	111°18′25.2″	33°42′17.6″	河南省西峡县五里桥乡慈梅寺	长江	丹江	老灌河		√															
	68	二居委	62048255	111°19′33.6″	33°24′41.8″	河南省西峡县城关镇二居委	长江	丹江	老灌河		√															
	69	回车	62048256	111°26′13.2″	33°33′25.6″	河南省西峡县回车镇杜店村	长江	丹江	古庄河		√															
6.遥测水位站	1	石门	62008500	111°28′37.2″	33°22′10.9″	河南省西峡县城郊乡十亩地村	长江	丹江	老灌河			√														
	2	化山	62008501	111°36′00.0″	33°30′02.2″	河南省西峡县双龙镇化山	长江	丹江	蛇尾河			√														
	3	西鱼库	62008502	111°31′51.6″	33°35′36.6″	河南省西峡县军马河乡西鱼库	长江	丹江	长探河			√														
	4	门伏	62021828	111°15′03.2″	33°00′55.4″	河南省淅川县滔河乡门伏	长江	丹江	丹江			√														
	5	庄口水库	62036530	111°19′33.6″	33°24′41.8″	河南省西峡县丹丁河镇庄口	长江	丹江	龙庄沟			√														
	6	上庄	62036726	111°05′34.8″	33°20′09.6″	河南省淅川县西簧乡上庄	长江	丹江	淇河			√														
	7	寺山	62036732	111°18′11.2″	33°26′48.5″	河南省西峡县陈阳坪乡寺山	长江	丹江	陈阳河			√														

续表 2-4

站类	序号	站名	测站编码	东经	北纬	测站地址	流域	水系	河名	集水面积(km²)	降水量	水位	流量	单沙	输沙率	蒸发	水文调查	生态监测	初终霜	水温	冰情	气象	比降	墒情	地下水质
7. 固定墒情站	1	西峡		111°28′59.9″	33°16′00.1″		长江	丹江																✓	
	2	淅川		111°01′00.1″	33°15′00.0″		长江	丹江																✓	
8. 移动墒情站	1	二郎坪	620A8251	111°24′36.0″	33°18′36.0″	河南省西峡县二郎坪乡二郎坪	长江	丹江																✓	
	2	米坪	620A8252	111°13′12.0″	33°21′00.0″	河南省西峡县米坪镇金钟寺村	长江	丹江																✓	
	3	西坪	620A8253	111°02′24.0″	33°15′36.0″	河南省西峡县西坪镇塽场村	长江	丹江																✓	
	4	丹水	620A8254	111°24′00.0″	33°07′48.0″	河南省西峡县丹水镇街北	长江	丹江																✓	
	5	阳城	620A8255	111°24′36.0″	33°10′12.0″	河南省西峡县阳城乡阳城村	长江	丹江																✓	
	6	淅川	620A1701	111°17′24.0″	33°05′24.0″	河南省淅川县城关镇淅川信用联社	长江	丹江																✓	
	7	安沟	620A1702	111°11′24.0″	33°09′00.0″	河南省淅川县城关乡安沟	长江	丹江																✓	
	8	黄庄	620A1703	111°20′24.0″	32°33′36.0″	河南省淅川县马镫镇黄庄	长江	丹江																✓	
	9	老城	620A1704	111°13′12.0″	32°35′24.0″	河南省淅川县老城镇	长江	丹江																✓	
	10	磨峪湾	620A1705	111°08′24.0″	33°03′00.0″	河南省淅川县大石桥乡磨峪湾	长江	丹江																✓	
9. 地表水水质站	1	大石桥		111°13′05.2″	33°04′56.0″		长江																		✓

2.3 南召水文局

南召水文局测区范围为南召县、嵩县境内的 1 个基本雨量站。

南召县位于河南省西南部,伏牛山南麓,南阳盆地北缘,东邻方城,南接南阳市卧龙区、镇平县,北靠鲁山、嵩县。地理坐标为北纬 33°12′~33°43′,东经 111°55′~112°51′。东西长约 95 km,南北宽约 62 km,总面积 2 946 km²,其中山地、丘陵 2 800 km²。全县辖 16 个乡镇 340 个行政村。南召县位于中国重要的地理分界线("秦岭—淮河"线)上,南北方交汇区,湿润带与半湿润带交汇处,属北亚热带季风型大陆性气候,具有亚热带向暖温带过渡的明显特征。冬夏长,春秋短,四季分明。年平均气温 14.8 ℃。1 月气温最低,月均气温 1.2 ℃。极端最低气温 -14.6 ℃(1991 年 12 月 29 日)。7 月温度最高,月均气温 27.5 ℃。极端最高气温 41.6 ℃,全年无霜期 219 d。南召县地势西北高,东南低,大体分为三个阶梯。秦岭山脉东延形成的伏牛山脉,绵亘于西北部、西南部和北部、东北部,诸山呈弓形自西北向西南和北东、北部蜿蜒展开,最高峰石人山海拔 2 153.1 m,海拔为 500 ~2 000 m,为第一阶梯。中部丘陵起伏,由山地向平原过渡,由西北向东南敞开,海拔为 200~500 m,为第二阶梯。南部衔接南阳盆地,为平原地带,海拔在 200 m 以下,为第三阶梯。南召县主要河流均属汉江水系,多发源于西北山地,向东南流,与山脉走向一致。境内最大的河流是白河,流入白河的支流有黄鸭河、鸭河、松河、灌河、留山河、空山河及其支流沟溪数百条,呈树枝状分布。所有河流的下游河床比较平缓、开阔、淤积严重。

2.3.1 南召水文局测区站网情况

南召水文局测区属长江流域。根据河湖普查成果,测区内现有 50 km² 以上河流 24 条。主要河流有白河、松河、灌河、黄鸭河、留山河、空山河、鸭河。测区内现有 1 座大型水库、2 座中型水库和 86 座小型水库。

测区内现有基本水文站 5 处,基本雨量站 31 处,中小河流水文巡测站 3 处,中小河流水位站 1 处,遥测雨量站 40 处,遥测水位站 7 处,固定墒情站 1 处,移动墒情站 5 处,地表水水质站 2 处。具体见表 2-5。

表 2-5　南召水文局测区站网现状统计表

站类代码	项目	流量	水位	降水量	蒸发量	输沙率	单沙	水温	水生态	墒情		水质	地下水
										固定	移动		
1	基本水文站	5	5	5	1	1	1	1					
2	中小河流水文巡测站	3	3	3									
3	中小河流水位站		1	1									
4	基本雨量站			31									
5	遥测雨量站			40									
6	遥测水位站		7	7									
7	固定墒情站									1			
8	移动墒情站										5		
9	地表水水质站											2	
	合计	8	16	87	1	1	1	1		1	5	2	0

注:雨量站是指只有降水量观测或降水量与蒸发量观测的站,地下水、墒情、水质站是指只有该项目的站。

2.3.2　南召水文局测区站网分布图

南召水文局测区站网分布图见图 2-4。

2.3.3　南召水文局测区站网管理任务一览表

南召水文局测区下辖各类站点管理任务一览表见表 2-6。

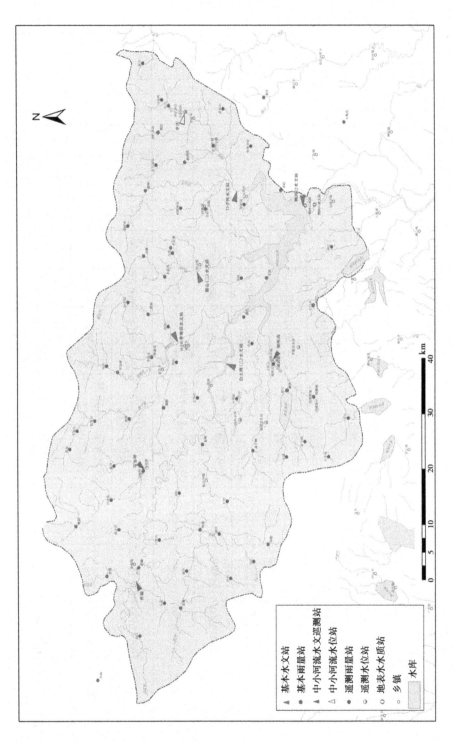

图 2-4 南召水文局测区站网分布图

基本水文站
基本雨量站
中小河流水文巡测站
中小河流水位站
遥测雨量站
遥测水位站
地表水水质站
乡镇
水库

表 2-6 南召水文局测区下辖各类站点管理任务一览表

站类		站名	测站编码	经纬度 东经	经纬度 北纬	测站地址	流域	水系	河名	集水面积（km²）	降水量	水位	流量	单沙	输沙率	蒸发量	水生态调查监测	初终霜	水温	水情	气象	墒情	比降	地下水水质
1. 基本水文站	1	鸭河口水库	62011000	112°37′47″	33°18′03″	河南省南召县皇路店镇东拾头村	长江	唐白河	白河	3 025	√	√				√	√	√	√					√
	2	白土岗（二）	62010800	112°23′51″	33°25′40″	河南省南召县白土岗镇白河店	长江	唐白河	白河	1 134	√	√	√	√			√	√	√	√	√			√
	3	李青店（二）	62012400	112°26′20″	33°29′41″	河南省南召县城关镇北外村	长江	唐白河	黄鸭河	600	√	√	√	√	√		√	√	√	√	√		√	
	4	留山（二）	62012800	112°31′52″	33°28′28″	河南省南召县留山镇河口村	长江	唐白河	留山河	76.3	√	√	√	√			√	√	√	√				
	5	口子河	62013200	112°38′56″	33°24′30″	河南省南召县太山庙乡黄土岭村	长江	唐白河	鸭河	421	√	√	√				√		√	√				√
2. 中小河流水文巡测站	1	乔端	62010750	112°05′29″	33°34′13″	河南省南召县乔端镇西街	长江	唐白河	白河	475	√	√	√				√							
	2	马市坪	62012100	112°15′05″	33°33′26″	河南省南召县马市坪乡马市坪村	长江	唐白河	黄鸭河	161	√	√	√				√							
	3	南河店	62012500	112°25′27″	33°21′24″	河南省南召县南河店镇南河村	长江	唐白河	排路河	198	√	√	√											
3. 中小河流水位站	1	辛庄	62012050	112°44′03″	33°32′06″	河南省南召县云阳镇辛庄	长江	唐白河	鸭河		√	√												

续表2-6

站类		站名	测站编码	东经	北纬	测站地址	流域	水系	河名	集水面积（km²）	降水量	水位	流量	单沙	输沙率	蒸发	水文调查	生态监测	初终霜	水温	冰情	气象	墒情	比降	地下水质
	1	白河	62040500	111°56′35″	33°38′05″	河南省嵩县白河乡白河村	长江	唐白河	白河		√														
	2	竹园	62040600	112°05′35″	33°37′11″	河南省南阳市南召县乔端镇桑树坪村	长江	唐白河	东状河		√														
	3	乔端	62040700	112°06′22″	33°34′10″	河南省南阳市南召县乔端乡东乔村	长江	唐白河	白河		√														
	4	王莽	62040800	112°02′49″	33°30′09″	河南省南阳市南召县乔端乡涧街村	长江	唐白河	淞河		√														
	5	小街	62040900	112°08′20″	33°21′42″	河南省南阳市南召县板山坪镇小街村	长江	唐白河	空运河		√														
4. 基本雨量站	6	钟店	62041000	112°09′36″	33°28′16″	河南省南阳市南召县板山坪镇钟店	长江	唐白河	淞河		√														
	7	余坪	62041200	112°16′59″	33°28′00″	河南省南阳市南召县板山坪镇余坪	长江	唐白河	白河		√														
	8	花子岭	62042200	112°16′26″	33°23′08″	河南省南阳市南召县白土岗镇花子岭	长江	唐白河	大河		√														
	9	苗庄	62042100	112°28′00″	33°24′00″	河南省南阳市南召县河店乡苗庄村	长江	唐白河	白河		√														
	10	廖庄	62042400	112°21′32″	33°19′51″	河南省南阳市南召县四棵树乡铁炉村	长江	唐白河	排路河		√														
	11	四棵树	62042500	112°21′07″	33°17′17″	河南省南阳市南召县四棵树乡盆窑	长江	唐白河	关庄河		√														

续表 2-6

站类	序号	站名	测站编码	经纬度 东经	经纬度 北纬	测站地址	流域	水系	河名	集水面积(km²)	基本观测项目 降水量	水位	流量	单沙	输沙率	蒸发量	水文生态调查监测 初测	终测	精测	辅助观测项目 水温	水情	气象	比降	墒情	地下水	水质
4.基本雨量站	12	南河店	62042600	112°23′56″	33°21′08″	河南省南召县南河店镇南河店	长江	唐白河	排路河		√																
	13	下店	62042700	112°31′00″	33°21′00″	河南省南阳市南召县太山庙乡下店村	长江	唐白河	白河		√																
	14	小庄	62044200	112°38′00″	33°21′00″	河南省南阳市南召县太山庙乡小庄村	长江	唐白河	鸭河		√																
	15	石门	62044600	112°29′02″	33°17′19″	河南省南阳市南召县石门乡石门村	长江	唐白河	柳扒河		√																
	16	小周庄	62044800	112°26′49″	32°54′51″	河南省南阳市方城县博望镇小周庄	长江	唐白河	博望河		√																
	17	郭庄	62043600	112°44′00″	33°32′00″	河南省南阳市南召县皇后乡郭庄村	长江	唐白河	黄后河		√																
	18	云阳	62043700	112°42′50″	33°26′53″	河南省南阳市南召县云阳镇五红村	长江	唐白河	鸭河		√																
	19	杨西庄	62043800	112°41′24″	33°29′39″	河南省南阳市南召县云阳镇杨西庄	长江	唐白河	鸡河		√																
	20	小店	62043900	112°38′56″	33°33′24″	河南省南阳市南召县小店乡东场村	长江	唐白河	空山河		√																
	21	小店	62044000	112°37′23″	33°27′39″	河南省南阳市南召县小店乡南岗村	长江	唐白河	川店河		√																
	22	赵庄	62051800	112°47′00″	33°22′00″	河南省南阳市方城县柳河乡后赵庄村	长江	唐白河	大冲河		√																

续表2-6

站类	站名	测站编码	东经	北纬	测站地址	流域	水系	河名	集水面积(km²)	降水量	水位	单流量	输沙率	单沙量	蒸发量	水文生态调查监测	初终霜	水温	水情	气象	比降水情	降水质	地下水
	23 焦园	62041400	112°09′54″	33°40′08″	河南省南阳市南召县马市坪乡焦园村	长江	唐白河	黄鸭河		√													
	24 马市坪	62041500	112°14′42″	33°33′41″	河南省南阳市南召县马市坪乡马市坪	长江	唐白河	黄鸭河		√													
	25 菜园	62041600	112°20′10″	33°31′43″	河南省南阳市南召县城郊乡菜园	长江	唐白河	黄鸭河		√													
	26 李家庄	62041700	112°24′32″	33°32′51″	河南省南阳市南召县崔庄乡李家庄	长江	唐白河	狮子河		√													
4.基本雨量站	27 羊马坪	62041800	112°28′15″	33°36′06″	河南省南阳市南召县崔庄乡羊马坪	长江	唐白河	古路河		√													
	28 二道河	62041900	112°23′13″	33°33′10″	河南省南阳市南召县崔庄乡二道河村	长江	唐白河	回龙沟		√													
	29 斗珠	62042800	112°33′18″	33°33′35″	河南省南阳市南召县留山镇斗珠村	长江	唐白河	大沟河		√													
	30 上官庄	62042900	112°31′30″	33°31′35″	河南省南阳市南召县留山乡五路村	长江	唐白河	大沟河		√													
	31 下石笼	62043000	112°34′00″	33°31′00″	河南省南阳市南召县留山乡下石笼村	长江	唐白河	留山河		√													

续表2-6

站类		站名	测站编码	经纬度 东经	经纬度 北纬	测站地址	流域	水系	河名	集水面积（km²）	降水量	水位	流量	单沙	输沙率	蒸发量	水文调查	生态监测	初终霜	水温	水情	气象	墒情	比降	水质	地下水
	1	粮食川	62041610	112°19′01″	33°38′17″	河南省南阳市南召县崔庄乡粮食川	长江	唐白河	沙石河		√															
	2	河口	62040810	112°00′25″	33°34′03″	河南省南阳市南召县乔端镇河口	长江	唐白河	白河		√															
	3	沙石	62040830	112°05′24″	33°25′19″	河南省南阳市南召县南河店镇沙石	长江	唐白河	花子岭河		√															
	4	胡柱	62040840	112°12′47″	33°30′14″	河南省南阳市南召县板山坪镇胡柱	长江	唐白河	淄河		√															
	5	大青	62040850	112°12′04″	33°25′37″	河南省南阳市南召县板山坪镇大青	长江	唐白河	淄河		√															
5.遥测雨量站	6	竹园庙	62041510	112°12′11″	33°36′44″	河南省南阳市南召县马市坪乡竹园庙	长江	唐白河	黄鸭河		√															
	7	傲坪	62041520	112°15′07″	33°36′27″	河南省南阳市南召县马市坪乡傲坪	长江	唐白河	黄鸭河		√															
	8	杨盘	62041620	112°16′34″	33°40′42″	河南省南阳市南召县马市坪乡杨盘	长江	唐白河	沙石河		√															
	9	杨树坪	62044010	112°35′53″	33°35′06″	河南省南阳市南召县小店乡杨树坪	长江	唐白河	空山河		√															
	10	分水岭	62043910	112°46′48″	33°31′49″	河南省南阳市南召县皇后乡分水岭	长江	唐白河	鸭河		√															
	11	和平沟	62042320	112°17′13″	33°18′07″	河南省南阳市南召县四棵树镇和平沟	长江	唐白河	排路河		√															

续表2-6

站类		站名	测站编码	经纬度		测站地址	流域	水系	河名	集水面积（km²）	基本观测项目								辅助观测项目							
				东经	北纬					降水量	水位	流量	单沙	输沙率	蒸发量	水文调查	生态监测	初终霜	水温	冰情	气象	墒情	比降	水质	地下水
	12	五垛	62042340	112°15′54″	33°19′53″	河南省南阳市南召县四棵树镇五垛	长江	唐白河	排路河		✓															
	13	火神庙	62042620	112°20′56″	33°24′41″	河南省南阳市南召县白土岗镇火神庙	长江	唐白河	白河		✓															
	14	东花园站	62042950	112°41′10″	33°32′24″	河南省南阳市南召县云阳镇东花园	长江	唐白河	鸡河		✓															
	15	老庙站	62043750	112°46′01″	33°25′56″	河南省南阳市南召县云阳镇老庙	长江	唐白河	鸡河		✓															
	16	铁佛寺站	62043780	112°42′48″	33°23′16″	河南省南阳市南召县云阳镇铁佛寺	长江	唐白河	鸭河		✓															
5.遥测雨量站	17	柏林庵站	62042980	112°37′26″	33°30′03″	河南省南阳市南召县小店乡柏林庵	长江	唐白河	空山河		✓															
	18	郑庄	62012650	112°34′05″	33°15′34″	河南省南阳市南召县路店乡郑庄村	长江	唐白河	麦河		✓															
	19	三岔口	62012605	112°19′16″	33°14′00″	河南省南阳市南召县四棵树乡三岔口村	长江	唐白河	潆河		✓															
	20	黄栋	62012401	112°31′23″	33°24′13″	河南省南阳市南召县留山镇黄栋村	长江	唐白河	留山河		✓															
	21	回龙沟	62043901	112°29′17″	33°35′06″	河南省南阳市南召县崔庄乡回龙沟村	长江	唐白河	回龙沟		✓															
	22	天云	62040851	112°06′51″	33°23′05″	河南省南阳市南召县板山坪镇天云	长江	唐白河	空运河		✓															

续表2-6

站类		站名	测站编码	经纬度 东经	经纬度 北纬	测站地址	流域	水系	河名	集水面积（km²）	基本观测项目 降水量	水位	流量	单沙	输沙率	蒸发量	水文调查	生态监测	初霜终霜	辅助观测项目 水温	冰情	气象	墒情	降水比降	水质	地下水
	23	穆老庄	62040702	112°09′37″	33°36′00″	河南省南阳市南召县乔端镇穆老庄	长江	唐白河	白河		√															
	24	寨坡	62041611	112°19′12″	33°35′00″	河南省南阳市南召县崔庄乡寨坡	长江	唐白河	沙石河		√															
	25	仓房	62041801	112°23′45″	33°37′09″	河南省南阳市南召县崔庄乡仓房	长江	唐白河	黄鸭河		√															
	26	南河	62040852	112°09′15″	33°26′24″	河南省南阳市南召县板山坪镇南河	长江	唐白河	铁男河		√															
	27	北马庄	62020801	112°21′01″	33°28′28″	河南省南阳市南召县城郊乡北马庄	长江	唐白河	白河		√															
5.遥测雨量站	28	献房	62041001	112°06′01″	33°29′34″	河南省南阳市南召县板山坪镇献房	长江	唐白河	淞河		√															
	29	九崖	62040853	112°03′14″	33°31′41″	河南省南阳市南召县乔端镇九崖	长江	唐白河	白河		√															
	30	花坪	62022402	112°27′11″	33°31′16″	河南省南阳市南召县崔庄乡花坪	长江	唐白河	回龙沟		√															
	31	马窝	62042901	112°33′32″	33°30′50″	河南省南阳市南召县留山镇马窝	长江	唐白河	大沟河		√															
	32	申沟	62042621	112°25′43″	33°23′13″	河南省南阳市南召县河店镇申沟	长江	唐白河	铁河		√															
	33	白草垛	62042421	112°15′55″	33°15′51″	河南省南阳市南召县四棵树乡白草垛	长江	唐白河	潦河		√															

续表2-6

站类		站名	测站编码	经纬度 东经	经纬度 北纬	测站地址	流域	水系	河名	集水面积（km²）	降水量	水位	流量	单沙	输沙率	蒸发	水文调查	生态监测	初	终	霜	水温	水情	气象	墒情	比降	地下水	水质
5.遥测雨量站	34	贾沟	62022401	112°24′06″	33°30′29″	河南省南阳市南召县城郊乡贾沟	长江	唐白河	黄鸭河		√																	
	35	核桃园	62044001	112°37′23″	33°27′39″	河南省南阳市南召县太山庙乡核桃园	长江	唐白河	鸭河		√																	
	36	白阴沟	62040701	112°06′22″	33°34′10″	河南省南阳市南召县乔端镇白阴沟	长江	唐白河	白河		√																	
	37	李家庄	62041700	112°24′32″	33°32′51″	河南省南阳市南召县马市坪乡南坪村	长江	唐白河	狮子河		√																	
	38	小周庄	62052101	112°44′53″	33°12′35″	河南省南阳市南召县方城县博望镇小周庄	长江	唐白河	博望河		√																	
	39	康庄	62041612	112°29′56″	33°20′06″	河南省南阳市南召县皇后乡康庄	长江	唐白河	鸭河		√																	
	40	小庄	62012201	112°38′00″	33°21′00″	河南省南阳市南召县太山庙乡小庄	长江	唐白河	鸭河		√																	
6.遥测水位站	1	罗圈崖水库	62044610	112°25′26″	33°18′46″	河南省南阳市南召县南河店镇罗圈崖	长江	唐白河	花子岭河		√	√																
	2	三道岭水库	62044620	112°19′08″	33°24′23″	河南省南阳市南召县白土岗乡三道岭	长江	唐白河	花子岭河		√	√																
	3	磁塔崖水库	62044630	112°18′54″	33°21′52″	河南省南阳市南召县南河店镇磁塔崖	长江	唐白河	花子岭河		√	√																
	4	郭庄水库	62043920	112°44′00″	33°32′14″	河南省南阳市南召县皇后乡郭庄	长江	唐白河	皇后河		√	√																

续表 2-6

站类		站名	测站编码	经纬度		测站地址	流域	水系	河名	集水面积（km²）	基本观测项目										辅助观测项目						
				东经	北纬						降水量	水位	流量	单沙	输沙率	蒸发量	水文调查	生态监测	初霜	终霜	水温	水情	气象	墒情	比降	地下水	水质
6.遥测水位站	5	冢岗庙	62012660	112°19′48″	33°07′12″	河南省南阳市南召县石桥乡	长江	唐白河	麦河		√	√															
	6	马市坪	62041500	112°15′05″	33°33′26″	河南省南阳市南召县马市坪乡马市坪村	长江	唐白河	黄鸭河		√	√															
	7	乔端	62040700	112°05′29″	33°34′13″	河南省南阳市南召县乔端镇东乔村	长江	唐白河	白河		√	√															
7.固定墒情站	1	白土岗	620A0800	112°24′00″	33°26′00″	河南省南召县白土岗乡白河店	长江	唐白河	白河															√			
8.移动墒情站	1	鸭河口	620A0801	112°22′48″	33°10′48″	河南省南召县皇路店镇东抬头村	长江	唐白河	白河															√			
	2	云阳	620A0802	112°25′48″	33°16′12″	河南省南召县云阳镇五红村	长江	唐白河	鸭河															√			
	3	留山	620A0803	112°19′12″	33°16′48″	河南省南召县留山镇河口村	长江	唐白河	留山河															√			
	4	石门	620A0804	112°17′24″	33°10′12″	河南省南召县石门乡石门村	长江	唐白河	柳扒河															√			
	5	钟店	620A0805	112°09′36″	33°28′20″	河南省南阳市南召县板山坪镇钟店	长江	唐白河	淞河															√			
9.地表水质站	1	鸭河口水库		112°38′15″	33°18′22″	河南省南阳市南召县鸭河口水库	长江	唐白河	白河																		√
	2	鸭河口水文站		112°37′44″	33°17′11″	河南省南召县鸭河口水库水文站	长江	唐白河	白河																		√

2.4 内乡水文局

内乡水文局测区范围为内乡县。

内乡县总面积 2 465 km², 山地面积 1 662.9 km², 占全县总土地面积的 72.2%。北部山势呈西北—东南走向, 中部和南部浅山南北延伸。县境内南部、西部和中部为丘陵区, 丘陵区内有低山分布, 丘陵区为垄岗地形, 地面起伏大, 岗高坡陡, 河谷纵横。内乡县境处暖温带向北亚热带过渡地带, 为亚热带季风性气候, 具有明显的过渡气候特征, 春季冷暖多变, 温度呈跳跃上升, 夏季炎热, 冬季天冷, 但无大冻害。由于西北、北面环山的自然条件, 对夏秋北上的潮湿气流和冬季南下的冷气起屏障作用, 故境内气候各要素和同纬度平原地区相比, 年日照时数偏少, 光能资源属全省低值区, 年均气温略高, 地形雨和对流雨较多, 年均湿度较大, 年均地面温度较高, 静风天气多, 气候区划明显。内乡县境内多年平均气温 15 ℃, 年均日照时数 1 973.6 h, 全年无霜期 226 d, 年均降水量 766.9 mm, 地表水比较丰富, 年径流量 8 亿多 m³, 径流分布和降水量分布一致, 从北向南递减。内乡县境属长江汉水流域, 共有大小河流 20 余条。其中, 较大的河流有湍河、默河、刁河、黄水河、螺蛳河等。

2.4.1 内乡水文局测区站网情况

内乡水文局测区属于长江流域。根据河湖普查成果, 测区内 50 km² 以上河流有 20 条。测区内现有 3 座中型水库和 45 座小型水库。

测区内现有基本水文站 1 处, 基本水位站 1 处, 基本雨量站 13 处, 中小河流水文巡测站 3 处, 中小河流水位站 1 处, 遥测雨量站 29 处, 遥测水位站 8 处, 固定墒情站 1 处, 移动墒情站 5 处, 地下水监测井 8 眼, 地表水水质站 2 处。具体见表 2-7。

表 2-7 内乡水文局测区站网现状统计表

站类代码	项目	流量	水位	降水量	蒸发量	输沙率	单沙	水温	水生态	墒情 固定	墒情 移动	水质	地下水
1	基本水文站	1	1	1		1							
2	基本水位站		1	1									
3	中小河流水文巡测站	3	3	3									
4	中小河流水位站		1										
5	基本雨量站			13									
6	遥测雨量站			29									
7	遥测水位站		8	8									
8	固定墒情站									1			
9	移动墒情站										5		
10	地表水水质站											2	
	合计	4	14	55	1					1	5	2	

注:雨量站是指只有降水量观测或降水量与蒸发量观测的站,地下水、墒情、水质站是指只有该项目的站。

2.4.2　内乡水文局站网分布图

内乡水文局测区站网分布图见图 2-5。

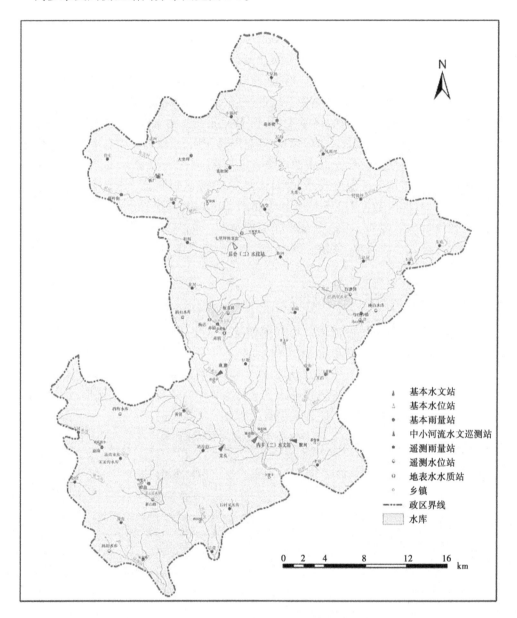

图 2-5　内乡水文局测区站网分布图

2.4.3　内乡水文局测区站网管理任务一览表

内乡水文局测区下辖各类站点管理任务一览表见表 2-8。

表 2-8 内乡水文局测区下辖各类站点管理任务一览表

站类		站名	测站编码	东经	北纬	测站地址	流域	水系	河名	集水面积（km²）	降水量	水位	流量	单沙	输沙率	蒸发	水文调查	生态监测	初终霜	水温	水情	气象	比降水情	水质	地下水
1. 基本水文站	1	内乡（二）	62014000	111°51′05″	33°02′52″	河南省内乡县城关镇北园村	长江	唐白河	湍河	1 507	√	√	√	√		√	√	√	√	√	√	√	√	√	√
2. 基本水位站	1	后会（三）	62013800	111°48′14.5″	33°18′03.1″	河南省内乡县七里坪乡柏凹村	长江	唐白河	湍河	816	√	√												√	√
3. 中小河流水文站	1	袁寨	62014750	111°47′22.6″	33°08′04.2″	河南省内乡县赤眉镇袁寨村	长江	唐白河	丹水河	250			√	√											
	2	龙头	62014800	111°49′45.5″	33°01′23.9″	河南省内乡县城关镇龙头村	长江	唐白河	黄水河	182		√	√	√											
	3	默河	62014850	111°54′34.9″	33°02′34.4″	河南省内乡县灌张镇前湾村	长江	唐白河	默河	495		√	√	√											
4. 中小河流水位站	1	后会	62046500	111°48′14.5″	33°18′03.1″	河南省内乡县七里坪乡柏凹村	长江	唐白河	湍河	816		√													
5. 基本雨量站	1	庙岗	62037900	111°38′00.0″	33°02′00.0″	河南省内乡县庙岗乡庙岗村	长江	丹江	菅土河		√														
	2	葛条爬	62045700	111°52′51.6″	33°28′51.6″	河南省内乡县夏馆镇葛条爬	长江	唐白河	湍河		√														
	3	大龙	62045900	111°54′46.8″	33°23′16.1″	河南省内乡县七里坪乡大龙村	长江	唐白河	湍河		√														
	4	板厂	62046000	111°42′43.2″	33°24′14.8″	河南省内乡县板厂乡板厂村	长江	唐白河	玉道河		√														
	5	雁岭街	62046100	111°39′36.0″	33°22′46.2″	河南省内乡县板场乡雁岭街	长江	唐白河	雁岭河		√														

续表 2-8

站类	序	站名	测站编码	东经	北纬	测站地址	流域	水系	河名	集水面积(km²)	降水量	水位	流量	单沙	输沙率	蒸发量	水文调查	生态监测	初霜	终霜	水温	冰情	气象	比降	墒情	水质	地下水
5. 基本雨量站	6	大栗坪	62046200	111°45′32.4″	33°25′59.5″	河南省内乡县夏馆镇大栗坪	长江	唐白河	栗坪河		√																
	7	青杠树	62046300	111°48′50.4″	33°25′00.5″	河南省内乡县夏馆镇赵庄	长江	唐白河	黄龙河		√																
	8	赤眉	62046600	111°48′00.0″	33°12′00.0″	河南省内乡县赤眉镇黄岗村	长江	唐白河	湍河		√																
	9	黄营	62047100	111°43′58.8″	33°05′46.7″	河南省内乡县赵店乡黄营村	长江	唐白河	黄水河		√																
	10	马山口	62047200	112°00′00.0″	33°13′00.0″	河南省内乡县马山口镇朱岗村	长江	唐白河	默河		√																
	11	王店	62047300	111°57′00.0″	33°08′00.0″	河南省内乡县王店乡黄河村	长江	唐白河	默河		√																
	12	岈峥	62050600	111°42′00.0″	32°59′00.0″	河南省内乡县岈峥乡岈峥村	长江	唐白河	刁河		√																
	13	苇集	62050800	111°41′31.2″	32°52′47.3″	河南省内乡县瓦亭乡邮电局	长江	唐白河	刁河		√																
6. 遥测雨量站	1	野獐坪	62013810	111°59′56.4″	33°22′23.9″	河南省内乡县七里坪乡野獐坪	长江	唐白河	黄沙河		√																
	2	小湍河	62013820	111°48′57.6″	33°29′11.8″	河南省内乡县夏馆镇小湍河	长江	唐白河	小湍河		√																
	3	大块地	62013840	111°52′22.8″	33°32′24.4″	河南省内乡县夏馆镇大块地	长江	唐白河	湍河		√																

续表2-8

站类		站名	测站编码	经纬度		测站地址	流域	水系	河名	集水面积（km²）	基本观测项目										辅助观测项目						
				东经	北纬						降水量	水位	流量	单沙	输沙率	蒸发量	水文调查	生态监测	初	终霜	水温	冰情	气象	墒情	比降	水质	地下水
	4	凤凰坪	62013860	111°56′46.0″	33°26′07.4″	河南省内乡县七里坪乡大龙	长江	唐白河	七罩河		√																
	5	北川	62014010	111°45′39.6″	33°15′04.3″	河南省内乡县赤眉乡东北川	长江	唐白河	湍河		√																
	6	前庄	62014020	111°44′02.4″	33°22′05.5″	河南省内乡县板场乡前庄	长江	唐白河	鱼道河		√																
	7	高皇	62014030	111°51′50.4″	33°21′34.2″	河南省内乡县七里坪乡高皇	长江	唐白河	湍河		√																
	8	斩河	62014040	111°53′09.6″	33°17′38.4″	河南省内乡县七里坪乡斩河	长江	唐白河	斩河		√																
6.遥测雨量站	9	万沟	62014050	111°53′02.4″	33°27′13.7″	河南省内乡县夏馆镇小湍河	长江	唐白河	湍河		√																
	10	三岔河	62014700	112°00′10.8″	33°17′17.9″	河南省内乡县马山镇三岔河	长江	唐白河	三岔河		√																
	11	石庙	62014710	112°04′01.2″	33°17′10.0″	河南省内乡县马山镇石庙	长江	唐白河	板桥河		√																
	12	符庄	62016020	111°38′24.0″	33°25′42.6″	河南省内乡县板场乡符庄	长江	唐白河	鱼道河		√																
	13	寺河	62021804	111°35′56.4″	33°03′14.4″	河南省内乡县西庙岗乡寺河	长江	唐白河	寺河		√																
	14	彭营	62021821	111°35′38.4″	32°59′09.6″	河南省内乡县岈岖乡彭营	长江	唐白河	刁河		√																

续表 2-8

站类	序号	站名	测站编码	东经	北纬	测站地址	流域	水系	河名	集水面积(km²)	降水量	水位	流量	单沙	输沙率	蒸发量	水文调查	生态监测	初终霜	水温	冰情	气象	墒情	比降	水质	地下水
	15	石庙	62024001	111°54'25.2"	33°13'04.8"	河南省内乡县余关乡石庙	长江	唐白河	板桥河		✓															
	16	蚌峪	62024002	111°45'14.4"	33°18'50.8"	河南省内乡县七里坪乡蚌峪	长江	唐白河	湍河		✓															
	17	唐河	62024003	111°45'14.4"	33°18'50.8"	河南省内乡县马山口镇唐河	长江	唐白河	华北河		✓															
	18	红堰	62024004	111°50'14.7"	33°08'51.6"	河南省内乡县赵店乡红堰	长江	唐白河	湍河		✓															
	19	朱庙	62024671	112°06'36.7"	33°18'34.9"	河南省内乡县马山口镇朱庙	长江	唐白河	青山河		✓															
6.遥测雨量站	20	均张	62024672	111°55'30.0"	33°08'23.6"	河南省内乡县王店镇均张	长江	唐白河	板桥河		✓															
	21	李营	62024673	111°56'20.4"	33°00'32.4"	河南省内乡县灌涨镇李营	长江	唐白河	小燕河		✓															
	22	后时家水库	62025602	111°48'54.0"	32°56'56.4"	河南省内乡县师岗镇后时家水库	长江	唐白河	堰子河		✓															
	23	清凉庙	62025603	111°46'37.2"	33°01'44.4"	河南省内乡县湍东镇清凉庙	长江	唐白河	四斗河		✓															
	24	吕营	62025604	111°47'24.0"	32°53'24.0"	河南省内乡县师岗镇吕营	长江	唐白河	得子河		✓															
	25	宋家沟水库	62025851	111°39'32.4"	33°01'04.8"	河南省内乡县西庙岗乡宋家沟水库	长江	唐白河	刁河		✓															

续表 2-8

站类	序号	站名	测站编码	经纬度 东经	经纬度 北纬	测站地址	流域	水系	河名	集水面积(km²)	降水量	水位	流量	单沙	输沙率	蒸发量	生态调查监测	水文 初	终	霜	水温	冰情	气象	墒情	比降	水质	地下水
6.遥测雨量站	26	庙湾水库	62025852	111°39'32.4"	33°01'04.8"	河南省内乡县咋崾岖乡庙湾水库	长江	唐白河	刁河		√																
	27	黄营	62044100	111°43'58.8"	33°05'46.7"	河南省内乡县赵店乡黄营	长江	唐白河	黄水河		√																
	28	让河	62046010	111°42'18.0"	33°27'04.3"	河南省内乡县板场乡让河	长江	唐白河	让河		√																
	29	庞集	62050801	111°39'36.0"	32°55'48.0"	河南省内乡县瓦亭镇庞集	长江	唐白河	汤堰河		√																
7.遥测水位站	1	西沟水库	62013950	111°39'32.4"	33°04'44.0"	河南省内乡县西庙岗乡	长江	丹江	峁土河			√														
	2	斩龙岗水库	62014650	111°48'50.4"	33°12'53.3"	河南省内乡县赤眉乡	长江	唐白河	湍河			√														
	3	马山口镇	62014674	111°59'56.4"	33°12'28.8"	河南省内乡县马山口镇	长江	唐白河	默河			√														
	4	打磨岗水库	62014680	111°58'55.2"	33°14'29.8"	河南省内乡县马山乡	长江	唐白河	三岔河			√														
	5	庵山水库	62014720	112°01'15.6"	33°13'14.2"	河南省内乡县马山镇	长江	唐白河	青山河			√														
	6	庙山水库	62014730	111°44'52.8"	33°12'41.4"	河南省内乡县赤眉乡	长江	唐白河	长水河			√														

续表 2-8

站类		站名	测站编码	东经	北纬	测站地址	流域	水系	河名	集水面积 (km²)	降水量	水位	流量	单沙	输沙率	蒸发量	水文调查	生态监测	初终霜	水温	气象	水情	比降	墒情	地下水水质
7. 遥测水位站	7	泰山庙水库	62015850	111°42'32.4"	32°57'50.8"	河南省内乡县师岗乡	长江	唐白河	刁河			√													
	8	油坊水库	62058010	111°38'38.4"	32°53'27.6"	河南省内乡县瓦亭镇	长江	唐白河	汤堰河			√													
8. 固定墒情站	1	内乡	62014000	111°51'00.0"	33°03'00.0"	河南省内乡县城关镇花园村	长江	唐白河	湍河															√	
9. 移动墒情站	1	葛条爬	620A4001	111°31'48.0"	33°17'24.0"	河南省内乡县夏馆镇葛条爬	长江	唐白河																√	
	2	后会	620A4002	111°29'24.0"	33°10'48.0"	河南省内乡县七里坪乡枊回村	长江	唐白河																√	
	3	王店	620A4003	111°34'12.0"	33°04'48.0"	河南省内乡县王店镇黄河村	长江	唐白河																√	
	4	泰山庙	620A4004	111°42'33.8"	32°57'52.2"	河南省内乡县泰山庙水库	长江	唐白河																√	
	5	赤眉	620A4005	111°47'45.6"	33°11'30.8"	河南省内乡县赤眉镇	长江	唐白河																√	
10. 地表水水质站	1	七里坪韩家庄		111°49'53.0"	33°19'36.8"		长江	唐白河																	√
	2	杨店		111°47'08.9"	33°12'29.9"		长江	唐白河																	√

2.5　邓州水文局

邓州水文局测区范围为邓州市、新野县。

邓州市处于河南省西南部南襄盆地中部偏西地区。东接南阳市卧龙区、新野县;西连淅川县;南界湖北省襄阳区、老河口市;北邻内乡县、镇平县。地理坐标为北纬 32°22′~32°59′,东经 111°20′~111°37′。南北长 69 km,东西宽 67 km,总面积 2 369 km²。邓州市地形地貌为山少岗多平原,地势西北高、东南低。境内有大小河流 31 条。这些河流分别从北部或西部入境,汇集于东南部,注入白河,流入汉水。河流冲积形成平原,在北部、中部和东部形成大面积肥沃土地。土层深厚,土质为保水保肥性能强的潮土、黄老土和黑老土。邓州属亚热带季风型大陆性气候,受季风转换影响,四季更迭分明,温暖湿润。年均降水量在 723 mm 左右,年均气温在 15.1 ℃左右,年均日照时数 1 935 h,全年无霜期为229 d。

新野县位于河南省西南部,南阳盆地中心,属汉水流域,与湖北省襄樊市接壤。界于东经 112°14′44″~112°35′42″,北纬 32°19′30″~32°49′08″。全境南北长 52 km,东西宽22 km,总面积 1 062 km²,境内平坦,沃野百里。东北距南阳市 30 km。新野属北亚热带地区,具有明显的大陆性季风气候特征,温暖湿润,四季分明,光、热、水资源丰富。年均日照时数 1 815.8 h,年均气温 15.1 ℃;年均降水量 721.0 mm,年均相对湿度 75%;全年无霜期 228 d;年均风速 2.9 m/s。主要气象灾害有雨涝、干旱、大风、冰雹等。按照气候平均气温划分四季:春季始于 3 月 26 日,持续 56 d;夏季始于 5 月 21 日,持续 113 d;秋季始于 9 月 11 日,持续 61 d;冬季始于 11 月 11 日,持续 135 d。概括四季气候特点:春季多风、气候多变;夏季湿热、旱涝频繁;秋季凉爽,阴雨连绵;冬季干冷,雨雪稀少。

2.5.1　邓州水文局测区站网情况

邓州水文局测区属于长江流域。根据河湖普查成果,测区内 50 km²以上河流:邓州市 31 条,新野县 19 条。测区内现有 1 座中型水库和 17 座小型水库。

测区内现有基本水文站 3 处,基本雨量站 9 处,中小河流水文巡测站 12 处,中小河流水位站 1 处,遥测雨量站 11 处,遥测水位站 2 处,固定墒情站 2 处,移动墒情站 10 处,地表水水质站 9 处,生态站 4 处。具体详见表 2-9。

表2-9　邓州水文局测区站网现状统计表

站类代码	项目	流量	水位	降水量	蒸发量	输沙率	单沙	水温	水生态	墒情固定	墒情移动	水质	地下水
1	基本水文站	3	3	3	2		1	1					
2	中小河流水文巡测站	12	12	12									
3	中小河流水位站		1	1									
4	基本雨量站			9									
5	遥测雨量站			11									
6	遥测水位站		2	2									
7	固定墒情站									2			
8	移动墒情站										10		
9	地表水水质站											9	
10	生态站								4				
	合计	15	18	38	2	0	1	1	4	2	10	9	0

注:雨量站是指只有降水量观测或降水量与蒸发量观测量的站,地下水、墒情、水质站是指只有该项目的站。

2.5.2　邓州水文局站网分布图

邓州水文局测区站网分布图见图2-6。

2.5.3　邓州水文局测区站网管理任务一览表

邓州水文局测区下辖各类站点管理任务一览表见表2-10。

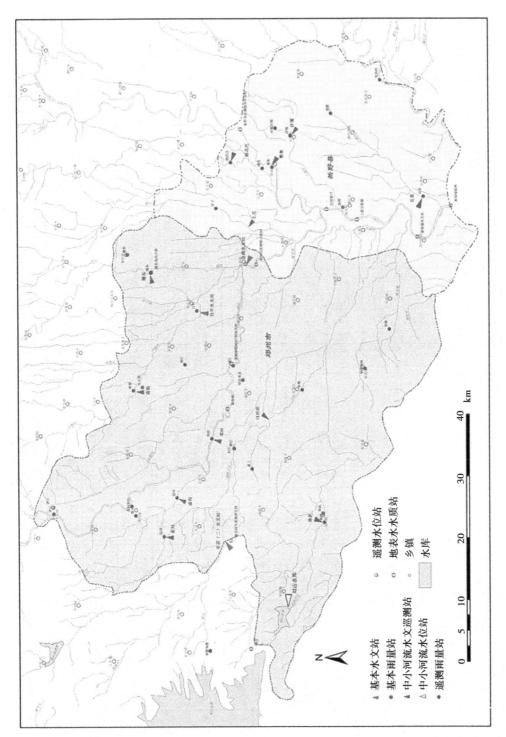

图 2-6 邓州水文局测区站网分布图

表2-10　邓州水文局测区下辖各类站点管理任务一览表

站类	序号	站名	测站编码	经纬度 东经	经纬度 北纬	测站地址	流域	水系	河名	集水面积（km²）	基本观测项目 降水量	水位	流量	单沙	输沙率	蒸发量	水文调查	生态监测	辅助观测项目 初终霜	水温	水情	气象	墒情	比降	水质	地下水
1. 基本水文站	1	涧滩	62014600	112°15′57.7″	32°40′26.9″	河南省邓州市涧滩镇廖寨村	长江	唐白河	湍河	4 263	√	√	√	√	√	√	√		√		√		√	√	√	√
	2	白牛	62015200	112°11′34.2″	32°44′49.7″	河南省邓州市白牛乡故事桥村	长江	唐白河	严陵河	527	√	√	√	√			√		√			√				
	3	半店（二）	62015600	111°51′57.8″	32°42′11.4″	河南省淅川县九重镇唐王桥村	长江	唐白河	刁河	435	√	√	√	√		√	√	√	√							
2. 中小河流水文巡测站	1	林扒	61915150	111°53′35.2″	32°33′40.7″	河南省邓州市林扒镇宋岗村	长江	汉江中游	东排子河	186	√	√	√													
	2	樊集	62011500	112°24′46.1″	32°37′43.7″	河南省新野县樊集乡樊集村	长江	唐白河	白河	4 948	√	√	√	√												
	3	棉花庄	62013650	112°25′26.0″	32°41′57.8″	河南省新野县歪子镇棉花庄村	长江	唐白河	潦河	555	√	√	√													
	4	沙堰	62013700	112°27′20.9″	32°36′38.9″	河南省新野县沙堰镇沙堰村	长江	唐白河	三里河	45.6	√	√	√													
	5	邓州	62014400	112°00′53.6″	32°43′49.1″	河南省邓州市城郊乡十里铺村	长江	唐白河	湍河	2 843	√	√	√	√												
	6	庙沟	62014900	111°55′44.8″	32°46′57.4″	河南省邓州市文集乡庙沟村	长江	唐白河	扒淤河	178	√	√	√													
	7	高刘	62014920	111°52′21.4″	32°48′07.2″	河南省邓州市张村镇高刘村	长江	唐白河	北得子河	70.8	√	√	√													
	8	穰东	62015050	112°15′44.3″	32°49′05.5″	河南省邓州市穰东镇赵河店村	长江	唐白河	西赵河	610	√	√	√	√												

续表2-10

站类	站名	测站编码	东经	北纬	测站地址	流域	水系	河名	集水面积(km²)	降水量	水位	流量	单沙	输沙率	蒸发	水生态调查监测	初霜终霜	水温	冰情	气象	墒情	水质	降水比降	地下水
2. 中小河流水文巡测站	9 蒋郭	62015090	112°05'06.7"	32°50'48.8"	河南省邓州市赵集镇蒋郭村	长江	唐白河	严陵河	292	√	√													
	10 上庄	62015250	112°19'37.2"	32°40'16.3"	河南省新野县上庄乡彭营村	长江	唐白河	礓石河	166	√	√	√												
	11 刁河店	62015800	112°02'28.3"	32°38'25.4"	河南省邓州市龙堰乡刁河店村	长江	唐白河	刁河	540	√	√	√												
	12 五星	62015900	112°22'01.6"	32°24'43.6"	河南省新野县五星镇马庄村	长江	唐白河	下溧河	154	√	√	√												
3. 中小河流水位站	1 刘山	61915100	111°45'46.4"	32°37'21.4"	河南省邓州市彭桥乡刘山水库	长江	汉江中游	冢子河		√	√													
4. 基本雨量站	1 邹楼	61948900	111°42'21.6"	32°44'03.1"	河南省淅川县九重镇邹楼村	长江	汉江中游	排子河		√														
	2 林扒	61949100	111°54'21.6"	32°23'47.9"	河南省邓州市林扒镇林扒村	长江	汉江中游	排子河		√														
	3 张村	62047500	111°55'00.0"	32°51'00.0"	河南省邓州市张村镇张北村	长江	唐白河	湍河		√														
	4 邓县	62047600	112°06'00.0"	32°41'00.0"	河南省邓州市东城办事处南桥店	长江	唐白河	湍河		√														
	5 大王集	62049100	112°05'24.0"	32°49'59.5"	河南省邓州市夏集乡大王集村	长江	唐白河	严陵河		√														

续表 2-10

站类		站名	测站编码	经纬度		测站地址	流域	水系	河名	集水面积（km²）	基本观测项目										辅助观测项目						
				东经	北纬						降水量	水位	流量	单沙	输沙率	蒸发	水文调查	生态监测	初霜	终霜	水温	冰情	气象	比降	水情	地下水	水质
4. 基本雨量站	6	禳东	62050000	112°16′58.8″	32°51′16.9″	河南省邓州市禳东镇禳东村	长江	唐白河	疆石河		√																
	7	构林	62051200	112°07′00.0″	32°30′00.0″	河南省邓州市构林镇构林	长江	唐白河	刁河		√																
	8	新野	62050500	112°21′05.0″	32°31′56.0″	河南省新野县城郊乡西乱庄	长江	唐白河	白河		√																
	9	沙堰	62050400	112°28′00.0″	32°38′00.0″	河南省新野县沙堰乡孟营村	长江	唐白河	白河		√																
5. 遥测雨量站	1	周单庄	62023656	112°21′37.6″	32°45′09.5″	河南省新野县歪子镇周单庄	长江	唐白河	溧河		√																
	2	孙楼	62023657	112°29′16.8″	32°33′00.0″	河南省新野县溧河铺镇孙楼	长江	唐白河	下溧河		√																
	3	焦岗村	62023658	112°29′16.8″	32°33′00.0″	河南省新野县前高庙乡焦岗村	长江	唐白河	唐河		√																
	4	康营	62023659	112°29′16.8″	32°33′00.0″	河南省新野县上庄乡康营	长江	唐白河	白河		√																
	5	郭王	62024402	111°56′02.4″	32°49′26.4″	河南省邓州市张村镇郭王	长江	唐白河	湍河		√																
	6	半坡水库	62024403	111°59′25.8″	32°51′05.0″	河南省邓州市赵集镇湍惠渠管理所	长江	唐白河	湍河		√																

续表 2-10

站类		站名	测站编码	经纬度 东经	经纬度 北纬	测站地址	流域	水系	河名	集水面积 (km²)	降水量	水位	流量	单沙	输沙率	蒸发	水文调查	生态监测	初终霜	水温	冰情	气象	墒情	水比降	降水质	地下水
5.遥测雨量站	7	城区	62024404	111°59′25.8″	32°51′05.0″	河南省邓州市城区	长江	唐白河	湍河		√															
	8	寨上	62031801	111°58′15.6″	32°40′12.0″	河南省邓州市高集乡寨上村	长江	唐白河	刁河		√															
	9	龙堰	62031802	112°05′09.6″	32°35′38.4″	河南省邓州市龙堰乡大桥头	长江	唐白河	刁河		√															
	10	单坡	62031803	112°10′26.4″	32°27′50.4″	河南省邓州市刘集镇单坡村	长江	唐白河	刁河		√															
	11	邓县	62014400	112°06′00.0″	32°41′00.0″	河南省邓州市东城办事处南桥店	长江	唐白河	湍河		√															
6.遥测水位站	1	罗庄	62014405	111°54′56.2″	32°58′08.8″	河南省邓州市罗庄镇	长江	唐白河	湍河			√														
	2	杨庄	62015601	112°00′03.6″	32°41′49.2″	河南省邓州市高集乡杨庄村	长江	唐白河	刁河			√														
7.固定墒情站	1	淰滩		112°16′00.0″	32°41′00.0″	河南省邓州市淰滩镇廖寨村	长江	唐白河	湍河														√			
	2	新野		112°21′00.0″	32°32′00.0″		长江	唐白河	湍河														√			

续表2-10

站类	序号	站名	测站编码	东经	北纬	测站地址	流域	水系	河名	集水面积(km²)	降水量	水位	流量	单沙	输沙率	蒸发量	水文调查	生态监测	初霜	终霜	水温	冰情	气象	墒情	比降	水质	地下水
	1	半店	620A4601	111°30'36.0"	32°25'48.0"	河南省淅川县九重镇唐王桥村	长江	唐白河																√			
	2	邓县	620A4602	112°03'36.0"	32°24'36.0"	河南省邓州市东城办事处南桥店	长江	唐白河																√			
	3	刘山	620A4603	111°45'15.1"	32°37'24.6"	河南省邓州市刘山水库	长江	唐白河																√			
	4	大王集	620A4604	112°03'00.0"	32°30'00.0"	河南省邓州市夏集乡大王集村	长江	唐白河																√			
8.移动墒情站	5	穰东	620A4605	112°10'12.0"	32°30'36.0"	河南省邓州市穰东镇穰东村	长江	唐白河																√			
	6	沙堰	620A0501	112°27'16.6"	32°41'13.9"	河南省新野县沙堰镇	长江	唐白河																√			
	7	溧营	620A0502	112°19'48.4"	32°33'12.6"	河南省新野县溧营镇	长江	唐白河																√			
	8	新甸铺	620A0503	112°18'29.2"	32°24'46.8"	河南省新野县新甸铺镇	长江	唐白河																√			
	9	王集	620A0504	112°17'44.5"	32°37'07.3"	河南省新野县王集乡	长江	唐白河																√			
	10	溧河	620A0505	112°27'35.6"	32°31'04.1"	河南省新野县溧河乡	长江	唐白河																√			

续表 2-10

站类		站名	测站编码	经纬度 东经	经纬度 北纬	测站地址	流域	水系	河名	集水面积(km²)	降水量	水位	流量	单沙	输沙率	蒸发量	水文调查	生态监测	初终霜	水温	水情气象	墒情	比降	水质	地下水
9. 地表水水质站	1	邓州县界子庄镇杨寨村		111°52'35"	32°56'18"	河南省邓州市罗庄镇杨寨村	长江	唐白河																√	
	2	裴营营桥		112°03'25"	32°42'17"	河南省邓州市裴营桥	长江	唐白河																√	
	3	邓州湍河207国道大桥		112°07'14"	32°42'01"	河南省邓州湍河207国道大桥	长江	唐白河																√	
	4	急滩水文站		112°15'57"	32°40'25"	河南省邓州市急滩镇廖寨村	长江	唐白河																√	
	5	刁堤		112°16'28"	32°39'44"	河南省邓州市急滩镇刁堤村	长江	唐白河																√	
	6	新野县沙堰镇夏官营村		112°27'53"	32°41'09"	河南省新野县沙堰镇夏官营村	长江	唐白河																√	
	7	新野县湍口白河大桥		112°20'54"	32°33'26"	河南省新野县湍口	长江	唐白河																√	

续表 2-10

站类		站名	测站编码	经纬度		测站地址	流域	水系	河名	集水面积（km²）	基本观测项目							辅助观测项目					
				东经	北纬					降水量	水位	流量	单沙	输沙率	蒸发量	水文生态调查	生态监测	初	终	水温	冰情	气象	比降	墒情	地下水水质
9.地表水水质站	8	上港公路桥		112°19′57″	32°30′40″	河南省上港公路桥	长江	唐白河																	√
	9	新甸铺水文站		112°18′29″	32°25′17″	河南省新野县新甸铺镇新甸铺水文站	长江	唐白河																	√
10.生态站	1	新甸铺		112°19′00.1″	32°25′00.1″	河南省新野县新甸铺镇新甸铺水文站	长江	唐白河									√							
	2	半店		111°51′00.4″	32°43′00.1″	河南省淅川县九重镇唐王桥村	长江	唐白河									√							
	3	梅湾		112°27′24.8″	32°22′17.0″	河南省新野县王庄镇梅湾村	长江	唐白河									√							
	4	刁河堂		112°18′54.0″	32°26′21.8″	河南省新野县新甸铺镇党村刁河	长江	唐白河									√							

2.6　唐河水文局

唐河水文局测区范围为唐河县、桐柏县。

唐河县位于河南省西南部,南阳盆地东部,豫、鄂两省交界处,属长江流域。县境西与新野县、南阳市区接壤,北与社旗县毗邻,东与泌阳县、桐柏县交界,南与湖北省枣阳市相连。地处北纬32°21′~32°55′,东经112°28′~112°16′,东西长74.3 km,南北宽63 km,总土地面积2 512.4 km²,辖22个乡镇街道525个行政村(社区),2017年人口143万。唐河县东部、东南部、东北部为丘陵地,西部、中部为唐河冲积平原。唐河县年均降水量815.7 mm,年均气温15.2 ℃,历年月均气温最低1.4 ℃,最高28.0 ℃。全年无霜期233 d。

桐柏县位于河南省东南部,豫、鄂交界处。地理坐标在东经113°00′~113°49′,北纬32°17′~32°43′。东邻信阳市,南界湖北省随州、枣阳两市,北邻泌阳、确山两县,西接唐河县。全境东西长76.1 km,南北宽49.3 km,土地总面积1 913.8 km²,辖11镇5乡215个行政村(社区)。境内地貌以浅山、丘陵为主,斜贯县境的桐柏山构成地貌骨架。桐柏山主脉由西向东,蜿蜒于县境南侧,为河南、湖北两省天然分界线。桐柏县为淮河的发源地。境内水系属淮河、长江两大水系,以淮源镇固庙村西岭和大河镇土门村的新坡岭为分水岭,东属淮河流域,西属长江流域。桐柏县年均降水量1 168.00 mm,年均气温15.0 ℃,全年无霜期231 d。

2.6.1　唐河水文局测区站网情况

唐河水文局测区分属长江、淮河两大流域,桐柏县为淮河源头。根据河湖普查成果,测区内现有50 km²以上河流:唐河县24条、桐柏县16条。测区内现有7座中型水库和89座小型水库。

测区内现有基本水文站2处,基本水位站1处,基本雨量站15处,中小河流水文巡测站6处,中小河流水位站4处,遥测雨量站37处,遥测水位站3处,固定墒情站2处,移动墒情站10处,地表水水质站10处。具体见表2-11。

表 2-11　唐河水文局测区站网现状统计表

站类代码	项目	流量	水位	降水量	蒸发量	输沙率	单沙	水温	水生态	墒情 固定	墒情 移动	水质	地下水
1	基本水文站	2	2	2	1	1	1	1					
2	基本水位站		1	1									
3	中小河流水文巡测站	6	6	6									
4	中小河流水位站		4	3									
5	基本雨量站			15									
6	遥测雨量站			37									
7	遥测水位站		3	3									
8	固定墒情站									2			
9	移动墒情站										10		
10	地表水水质站											10	
	合计	8	16	67	1	1	1	1		2	10	10	0

注:1. 雨量站是指只有降水量观测或降水量与蒸发量观测的站,地下水、墒情、水质站是指只有该项目的站。

2. 中小河流桐河水位站为改造的基本水位站,未重复统计。

3. 中小河流二郎山水位站与基本雨量站二郎山为同一套雨量设备,不重复统计降水量个数。

2.6.2　唐河水文局测区站网分布图

唐河水文局测区站网分布图见图 2-7。

2.6.3　唐河水文局测区站网管理任务一览表

唐河水文局测区下辖各类站点管理任务一览表见表 2-12。

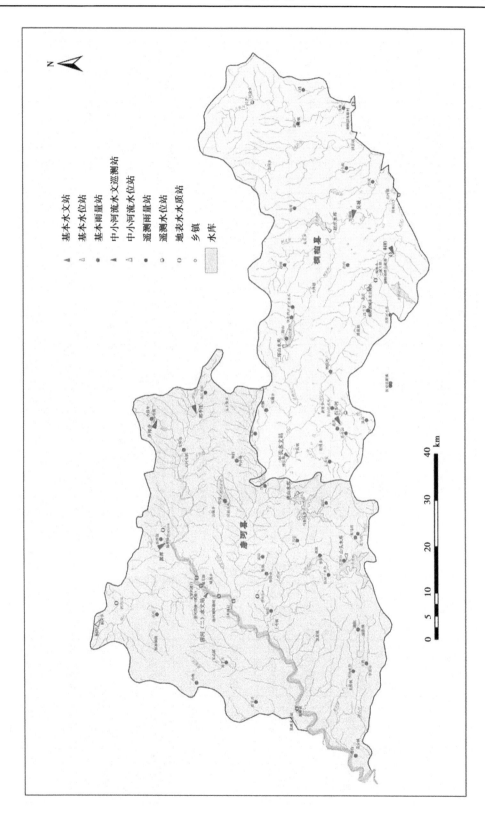

图 2-7 唐河水文局测区站网分布图

表2-12 唐河水文局测区下辖各类站点管理任务一览表

站类		站名	测站编码	东经	北纬	测站地址	流域	水系	河名	集水面积(km²)	降水量	水位	流量	单沙	输沙率	蒸发量	水文调查	生态监测	初终霜	水温	冰情	气象	墒情	比降	地下水	水质
											基本观测项目								辅助观测项目							
1.基本水文站	1	唐河(二)	62016200	112°48′26″	32°40′30″	河南省唐河县滨河街道办事处牛埠口村	长江	唐白河	唐河	4 777	√	√	√	√	√	√				√	√	√	√			
	2	平氏	62017800	113°03′13″	32°32′49″	河南省桐柏县埠江镇前埠村	长江	唐白河	三夹河	748	√	√	√	√	√	√				√	√	√	√	√	√	√
2.基本水位站	1	桐河	62017600	112°45′46″	32°53′18″	河南省唐河县桐河乡申庄村	长江	唐白河	桐河	470	√	√	√											√	√	√
3.中小河流水文巡测站	1	源潭	62016100	112°54′37″	32°46′12″	河南省唐河县源潭镇源潭村	长江	唐白河	唐河	1 390	√	√	√							√						
	2	邢李庄	62017050	113°08′17″	32°43′01″	河南省唐河县大河屯镇邢李庄村	长江	唐白河	泌河	1 090	√	√	√													
	3	少拜寺	62017480	113°08′24″	32°47′40″	河南省唐河县少拜寺镇少拜寺村	长江	唐白河	洪河	285	√	√	√													
	4	石步河	62017750	113°07′40″	32°28′29″	河南省桐柏县程湾乡石步河	长江	唐白河	三夹河	335	√	√	√													
	5	吴城	50200650	113°30′34″	32°25′02″	河南省桐柏县吴城镇桥乐村	淮河	淮河	月河	232	√	√	√													
	6	桐柏	50100050	113°26′18″	32°21′30″	河南省桐柏县城郊乡尚楼村	淮河	淮河	淮河	218	√	√	√													

续表 2-12

站类		站名	测站编码	经纬度 东经	经纬度 北纬	测站地址	流域	水系	河名	集水面积（km²）	基本观测项目 降水量	水位	流量	单沙	输沙率	蒸发	水文调查	生态监测	辅助观测项目 水温	初终冰情	气象	墒情	比降	地下水	水质
4.中小河流水位站	1	赵庄	50200600	113°29′29″	32°28′40″	河南省桐柏县吴城乡计堂村	长江	淮河	月河		√	√													
	2	二郎山	62018100	113°17′18″	32°32′33″	河南省桐柏县大河乡下堰村	长江	唐白河	鸿鸭河		√	√													
	3	虎山	62018200	112°59′41″	32°31′48″	河南省唐河县马振扶乡小李园	长江	唐白河	丑河		√	√													
	4	山头	62018300	112°52′46″	32°24′40″	河南省唐河县祁仪乡	长江	唐白河	清水河		√	√													
5.基本雨量站	1	半坡	62052700	112°54′00″	32°51′00″	河南省社旗县李店镇半坡村	长江	唐白河	唐河		√														
	2	少拜寺	62054800	113°08′00″	32°48′00″	河南省南阳市唐河县少拜寺镇少拜寺村	长江	唐白河	温凉河		√														
	3	大河屯	62054900	113°04′37″	32°44′21″	河南省南阳市唐河县大河屯乡乔庄村	长江	唐白河	泌阳河		√														
	4	张马店	62056500	112°55′00″	32°25′00″	河南省南阳市唐河县张马店村	长江	唐白河	丑河		√														
	5	毕店	62057000	113°03′25″	32°38′20″	河南省南阳市唐河县毕店乡毕店村	长江	唐白河	江河		√														
	6	祁仪	62057100	112°53′00″	32°29′00″	河南省南阳市唐河县祁仪乡祁仪村	长江	唐白河	清水河		√														
	7	鲁岗	62057200	112°51′00″	32°35′00″	河南省南阳市唐河县鲁岗乡鲁岗村	长江	唐白河	清水河		√														

续表 2-12

站类	序号	站名	测站编码	东经	北纬	测站地址	流域	水系	河名	集水面积(km²)	降水量	水位	流量	单沙	输沙率	水面蒸发量	水文生态调查	生态监测	初霜	终霜	水温	水情	气象	比降	墒情	水质	地下水
5. 基本雨量站	8	白秋	62057600	112°39′00″	32°43′00″	河南省南阳市唐河县张店镇白秋村	长江	唐白河	泌河		✓																
	9	湖阳	62057800	112°44′53″	32°24′43″	河南省南阳市唐河县湖阳镇湖阳村	长江	唐白河	蓼阳河		✓																
	10	苍台	62057900	112°31′00″	32°25′00″	河南省南阳市唐河县苍台镇苍台村	长江	唐白河	唐河		✓																
	11	新城	62055500	113°12′00″	32°21′00″	湖北省随州市新城镇新城村	长江	唐白河	三夹河		✓																
	12	吴井	62055700	113°07′00″	32°27′00″	河南省南阳市桐柏县程湾乡吴井村	长江	唐白河	三夹河		✓																
	13	鸿仪河	62056100	113°13′16″	32°27′47″	河南省南阳市桐柏县鸿仪河乡石头庙村	长江	唐白河	鸿仪河		✓																
	14	二郎山	62056200	113°17′18″	32°32′33″	河南省桐柏县大河镇下塝村	长江	唐白河	鸿鸭河		✓																
	15	安棚	62056900	113°09′00″	32°35′00″	河南省南阳市桐柏县安棚乡季岗村	长江	唐白河	江河		✓																
6. 遥测雨量站	1	草店镇	50220169	113°40′01″	32°11′20″	湖北省随州市曾都区草店镇	淮河		浉水河		✓																
	2	范庄	62056201	112°46′30″	32°47′28″	河南省南阳市唐河县桐寨铺镇范庄	长江	唐白河	桐河		✓																
	3	馆驿	50220165	113°24′58″	32°32′56″	河南省南阳市桐柏县朱庄乡馆驿	淮河		月河		✓																

续表 2-12

站类	序号	站名	测站编码	东经	北纬	测站地址	流域	水系	河名	集水面积（km²）	降水量	水位	流量	单沙	输沙率	蒸发量	水文生态调查	监测	初霜	终霜	水温	水情	气象	比降	水质	地下水
	4	湖山	50220752	113°40′30″	32°31′25″	河南省南阳市桐柏县毛集镇湖山	淮河	淮河	毛集河		√															
	5	江河	62027806	113°00′40″	32°35′10″	河南省南阳市桐柏县埠江镇江河	长江	唐白河	江河		√															
	6	李油坊	62057820	112°41′10″	32°23′46″	河南省南阳市唐河县龙潭镇李油坊	长江	唐白河	礓石河		√															
	7	李庄水库	62054902	113°10′55″	32°41′53″	河南省南阳市唐河县王集乡李庄水库	长江	唐白河	陡沟		√															
6.遥测雨量站	8	栗子园	62027802	113°06′29″	32°26′02″	河南省南阳市桐柏县程湾乡栗子园	长江	唐白河	石步河		√															
	9	临泉一水库	62057840	112°50′53″	32°28′01″	河南省南阳市唐河县祁仪乡临泉一水库	长江	唐白河	清水河		√															
	10	龙潭河水库	50220170	113°19′30″	32°21′00″	河南省南阳市桐柏县城郑刘湾龙潭河水库办公院内	长江	唐白河	龙潭河		√															
	11	芦老庄水库	50220166	113°20′20″	32°32′02″	河南省南阳市桐柏县大河镇芦老庄水库	长江	唐白河	鸿鸭河		√															

续表 2-12

站类	序号	站名	测站编码	东经	北纬	测站地址	流域	水系	河名	集水面积(km²)	降水量	水位	流量	单沙	输沙率	蒸发	水生态调查	文监测	初霜	终霜	水温	冰情	气象	墒情	比降	水质	地下水
	12	满岗	62057850	112°52'52"	32°35'26"	河南省南阳市唐河县昝岗乡满岗	长江	唐白河	清水河		√																
	13	毛楼	50220022	113°44'13"	32°30'47"	河南省南阳市桐柏县毛集镇毛楼	淮河	淮河	淮河		√																
	14	南牛庄	62057860	112°41'13"	32°39'37"	河南省南阳市唐河县张店镇南牛庄	长江	唐白河	绵羊河		√																
	15	张马店	62058202	112°55'26"	32°24'43"	河南省南阳市唐河县祁仪乡张马店	长江	唐白河	倪河		√																
	16	彭沟	50220167	113°24'58"	32°25'48"	河南省南阳市桐柏县城郊乡彭沟	淮河	淮河	淮河		√																
6.遥测雨量站	17	彭坎	50220172	113°34'08"	32°22'59"	河南省南阳市桐柏县月河镇彭坎	淮河	淮河	陈留店河		√																
	18	前吴庄	62057861	112°36'54"	32°36'14"	河南省南阳市唐河县郭滩镇前吴庄	长江	唐白河	洞河		√																
	19	前庄	62058201	112°58'48"	32°28'16"	河南省南阳市唐河县马振抚乡前庄	长江	唐白河	玉河		√																
	20	青山扒水库	62027808	113°09'14"	32°27'36"	河南省南阳市桐柏县新集乡青山扒水库	长江	唐白河	鸿仪河		√																
	21	泉水湾	62027801	113°19'12"	32°32'10"	河南省南阳市桐柏县大河镇泉水湾	长江	唐白河	鸿仪河		√																

续表 2-12

站类		站名	测站编码	经纬度		测站地址	流域	水系	河名	集水面积（km²）	基本观测项目								辅助观测项目					
				东经	北纬					降水量	水位	流量	单沙	输沙率	蒸发	水文生态调查监测	初终霜	水温	墒情	气象	水情	比降	地下水	水质
	22	上刘庄	62058204	112°54′40″	32°31′33″	河南省南阳市唐河县马振抚乡上刘庄	长江	唐白河	土桥河		√														
	23	少拜寺	62054901	113°08′24″	32°47′40″	河南省南阳市唐河县少拜寺镇少拜寺	长江	唐白河	温凉河		√														
	24	石头畈	50220171	113°35′38″	32°25′55″	河南省南阳市桐柏县固县镇石头畈	淮河	淮河			√														
	25	石头庄	50220163	113°03′22″	32°27′52″	河南省南阳市桐柏县程湾乡石头庄	长江	唐白河	三夹河		√														
	26	太山水库	62057810	112°40′19″	32°25′16″	河南省南阳市唐河县龙潭乡太山水库	长江	唐白河	蓼阳河		√														
6.遥测雨量站	27	田桥水库	62057400	112°59′01″	32°39′42″	河南省南阳市唐河县毕店镇全岗村	长江	唐白河	倪河		√														
	28	王楼	62057830	112°41′10″	32°23′46″	河南省南阳市唐河县黑龙镇王楼（无上楼）	长江	唐白河	谢庄河		√														
	29	王油坊	62058203	112°52′26″	32°26′16″	河南省南阳市桐柏县祁仪乡王油坊	长江	唐白河	清水河		√														
	30	西十里	50220168	113°19′59″	32°23′31″	河南省南阳市桐柏县城郊乡西十里	淮河	白河			√														
	31	响潭	50220173	113°31′12″	32°31′48″	河南省南阳市桐柏县朱庄乡响潭	淮河	陈留店河			√														

续表 2-12

站类	站名	测站编码	东经	北纬	测站地址	流域	水系	河名	集水面积 (km²)	基本观测项目								辅助观测项目								
										降水量	水位	流量	单沙	输沙率	蒸发量	水文调查	生态监测	初霜	水温初	水温终	冰情	气象	比降	墒情	水质	地下水
6. 遥测雨量站 32	新城镇	62027807	113°11′42″	32°21′00″	湖北省随州市曾都区新城镇	长江	唐白河	三夹河		√																
33	杨店	62016201	112°46′55″	32°34′30″	河南省南阳市唐河县上屯镇杨店	长江	唐白河	清水河		√																
34	姚河	50220164	113°07′55″	32°23′41″	河南省南阳市桐柏县大河镇姚河	长江	唐白河	姚河		√																
35	源潭镇	62026206	112°54′47″	32°46′59″	河南省南阳市唐河县源潭镇	长江	唐白河	唐河		√																
36	张畈	50220753	113°42′15″	32°26′14″	河南省南阳市固县张畈	淮河	淮河			√																
37	张楼	62027805	113°06′25″	32°36′14″	河南省南阳市桐柏县安棚乡张楼	长江	唐白河	江河		√																
7. 遥测水位站 1	倪河	62057300	112°59′01″	32°39′42″	河南省南阳市唐河县井楼乡徐岗村	长江	唐白河	倪河		√	√															
2	艾庄	62027804	113°08′46″	32°26′06″	河南省南阳市桐柏县程湾乡艾庄	长江	唐白河	姚河		√	√															
3	何庄	50220751	113°42′54″	32°36′32″	河南省南阳市桐柏县龙乡何庄	淮河	毛集河			√	√															
8. 固定墒情站 1	唐河	620A6200	112°49′00″	32°42′00″	河南省唐河县城关镇西关	长江	唐白河	唐河															√			
2	平氏	620A7800	113°03′00″	32°33′00″	河南省桐柏县埠江镇前埠村	长江	唐白河	三夹河															√			

续表 2-12

站类	站名	测站编码	经纬度 东经	经纬度 北纬	测站地址	流域	水系	河名	集水面积(km²)	降水量	水位	流量	单沙	输沙率	蒸发量	水文调查	生态监测	初终霜	水温	冰情	气象	墒情	比降	水质	地下水
9.移动墒情站	1 鸿仪河	620A7801	113°07'48"	32°16'48"	河南省桐柏县淮源镇石头庙村	淮河	淮河	鸿仪河															√		
	2 二郎山	620A7802	113°10'12"	32°21'00"	河南省桐柏县大河镇下塆村	长江	唐白河	鸿鸭河															√		
	3 赵庄	620A7803	112°03'37"	33°10'01"	河南省桐柏县赵庄水库	淮河	淮河	月河															√		
	4 吴井	620A7804	113°07'30"	33°26'34"	河南省桐柏县吴井镇	长江	唐白河	石步河															√		
	5 月河	620A7805	113°32'01"	32°20'56"	河南省桐柏县月河乡	长江	唐白河	月河															√		
	6 桐河	620A6201	112°27'36"	32°31'48"	河南省唐河县桐河乡申庄村	长江	唐白河	桐河															√		
	7 大河屯	620A6202	113°02'24"	32°26'24"	河南省唐河县大河屯镇乔阳村	长江	唐白河	泌阳河															√		
	8 湖阳	620A6203	112°28'12"	32°15'00"	河南省唐河县湖阳镇湖阳村	长江	唐白河	蓼阳河															√		
	9 虎山水库	620A6204	112°58'43"	32°32'00"	河南省唐河县虎山水库	长江	唐白河	丑河															√		
	10 毕店	620A6205	113°01'48"	32°22'48"	河南省唐河县毕店镇毕店	长江	唐白河	江河															√		

续表 2-12

站类	序号	站名	测站编码	东经	北纬	测站地址	流域	水系	河名	集水面积(km²)	降水量	水位	流量	单沙量	输沙率	蒸发量	水文调查	生态监测	初终霜	水温	冰情	气象	墒情	比降	地下水质
10. 地表水水质站	1	金庄		113°22'19"	32°23'29"	河南省南阳市桐柏县城郊乡金庄村	淮河	淮河																	√
	2	桐柏县城东北公路桥		113°23'19"	32°22'40"	河南省南阳市桐柏县城关镇东北公路桥	淮河	淮河																	√
	3	桐柏尚楼公路桥		113°26'09"	32°20'56"	河南省桐柏尚楼公路桥	淮河	淮河																	√
	4	月河口下		113°32'43"	32°19'59"	河南省南阳市桐柏县月河镇月河村	淮河	淮河																	√
	5	桐柏县张畈村		113°42'41"	32°25'09"	河南省南阳市桐柏县固县镇张畈村	淮河	淮河																	√
	6	五里河渡口		112°50'31"	32°42'57"	河南省南阳市唐河县城关镇五里河渡口	长江	唐白河																	√
	7	唐河四桥(拱桥)		112°49'39"	32°42'28"	河南省南阳市唐河县城关镇唐河四桥(拱桥)	长江	唐白河																	√

表2-12 唐河水文局测区下辖各类站点管理任务一览表

站类		站名	测站编码	经纬度 东经	经纬度 北纬	测站地址	流域	水系	河名	集水面积(km²)	降水量	水位	流量	单沙	输沙率	蒸发	水文调查	生态监测	初霜	终霜	水温	冰情	气象	墒情	比降	地下水质
	8	唐河城郊谢岗		112°48'31"	32°40'25"	河南省谢岗	长江	唐白河																		√
10.地表水水质站	9	三夹河口		112°47'58"	32°38'46"	河南省南阳市唐河县城郊乡大方庄村	长江	唐白河																		√
	10	郭滩水文站		112°36'10"	32°31'37"	河南省南阳市唐河县郭滩镇郭滩水文站	长江	唐白河																		√

3　辖区管理任务

3.1　南阳测报中心

3.1.1　南阳测报中心国家基本水文站、水位站

本测区管辖南阳(四)、社旗、棠梨树、赵湾水库、青华共计 5 个水文站和赵庄水位站,要合理安排驻站职守人员,严格执行测站任务书各项要求。

3.1.1.1　水位观测段次要求

南阳测报中心国家基本水文站、水位站水位观测段次要求见表 3-1。

表 3-1　南阳测报中心国家基本水文站、水位站水位观测段次要求

段次要求	2 段	4 段	8 段	备注
日变化(m)	<0.12	0.12 ~ 0.24	>0.24	峰顶附近或水位转折变化处加密观测
水位级(m)				

水位平稳时每日 8 时观测 1 次,洪水期或遇水情突变时必须加测,以测得完整水位变化过程为原则。每日 8 时校测自记水位记录,洪水期适当增加校测次数。定期检测各类水位计,保证正常运行;按有关要求定期取、存数据。

3.1.1.2　流量测验要求

流量测验应控制流量变化过程、满足推算逐日平均流量和各项特征值的要求,根据高、中、低各级水位情况,合理地分布于各级水位和水情变化过程的转折点处。河床稳定,控制良好,满足水位—流量关系稳定的站每年测次不少于 15 次;受冲淤、洪水涨落或水生植物等影响的,在平水期,根据水情变化或植物生长情况每 3 ~ 5 d 测流 1 次,洪水期每个较大洪水过程,测流不少于 5 次,如峰形变化复杂或洪水过程持久,应适当增加测次,根据本站发生洪水级别合理科学地选择恰当的测洪方案(见附表河南省南阳水文水资源勘测局水文站测洪方案一览表)进行测洪;受变动回水或混合影响的,其测流次数根据变动回水和混合影响程度而增加,以能测得流量的变化过程为度。

每次测流同时观测记录水位、天气、风向、风力及影响水位—流量关系变化的有关情况。在高、中水测流时同时观测比降。

3.1.1.3　含沙量

单样含沙量以控制含沙量转折变化和建立单断沙关系为原则。含沙量变化很小时,可每 4 ~ 10 d 取样 1 次。每次较大洪峰过程,一般不少于 4 ~ 8 次。洪峰重叠或水、沙峰不一致,含沙量变化剧烈时,应增加测次。如河水清澈,可改为目测,含沙量按 0 处理。

3.1.1.4 降雨、蒸发

(1)标准雨量器:每日 8 时定时观测 1 次,1～4 月按 2 段观测,10～12 月按 2 段观测,暴雨时适当加测。观测初终霜。

(2)虹吸式自记雨量:每日 8 时定时观测 1 次,降水之日 20 时检查 1 次,暴雨时适当增加检查次数。5～9 月按 24 段摘录。

(3)蒸发:每日 8 时定时观测 1 次,蒸发量异常时需说明原因。

3.1.1.5 水准测量

1. 水准点高程测量

逢 5 逢 0 年份必须对基本水准点进行复测,校核水准点每年校测 1 次,如发现有变动或可疑变动,应及时复测并查明原因。

2. 水尺、大断面测量

每年汛期前后各校测 1 次,在水尺发生变动或有可疑变动时,应随时校测。新设水尺应随测随校;每年汛前施测大断面,汛后施测过水断面,在每次洪水后应予加测。较大洪水时采用比降面积法或浮标法测流后,必须加测。固化河槽在逢 5 逢 0 年份施测 1 次。

3.1.1.6 水文调查

水文调查包括断面以上(区间)流域基本情况调查、水量调查、暴雨和洪水调查及专项水文调查,并编写调查报告。

3.1.1.7 报汛任务

严格执行《水情信息编码》(SL 330—2011)、《水情报汛任务书》和拟校报制度,做到"四随"(随测算、随发报、随整理、随分析)和"四不"(不错报、不迟报、不缺报、不漏报)。

(1)降水:汛期采用 RTU 自动拍报并人工校核,实行 10 min 拍报 1 次。

(2)水情:依据实测点修正报汛曲线,并参考历年水位—流量关系线报汛,按段制要求在 10 min 内报至南阳水文局水情科。一级起报以下 1 段制,以上采用 4～12 段制;达到二级加报标准,涨水 12 段制,落水 4～12 段制;二级加报标准以上,达到三级加报标准拍报时,涨水按 24 段次拍报水情,落水按 12～24 段次拍报水情,同时加报洪峰过程。实测流量,随测随报,洪峰发现即发。

3.1.2 南阳测报中心中小河流巡测站、水位站

3.1.2.1 设站目的

为加强水文测站站网及基础设施建设,完善市水文巡测基地和应急监测能力,密切监控河流汛情,提高水文监测能力和预报精度而设立。

3.1.2.2 测站基础设施/设备情况

南阳测报中心测站基础设施/设备情况见表 3-2。

表 3-2 南阳测报中心测站基础设施/设备情况

站类		巡测站				水位站	
站名		安子营	唐庄	吴湾	古庄店	龙王沟	兰营
建站时间（年-月）		2014-12	2014-12	2014-12	2014-12	2014-12	2014-12
测站编码		62015080	62016800	62016850	50606050	62013400	62013500
自记井设施	位置	基本水尺断面	基本水尺断面	基本水尺断面	基本水尺断面	基本水尺断面	基本水尺断面
	类型	岛式	岛式	岛式	岛式	岛式	岛式
	井深(m)	8.5	10.5	14.5	10.8	7	6.86
	最高水位(m)	142.52	123.3	135.98	122.86	162.5	147.36
	最低水位(m)	134.02	112.8	121.48	112.06	155.5	140.5
水文监测仪器设备	遥测雨量计	JD – 05	JD – 05	JD – 05	JD – 05	JD – 05	JD – 05
	遥测水位计	WFX – 40 型	WFX – 40 型	WFX – 40 型	WFX – 40 型	WFX – 40 型	WFX – 40 型
	测控终端	WATER – 2000C	WATER – 2000C	WATER – 2000C	WATER – 2000C	WATER – 2000C	WATER – 2000C
水准点	编号 1	（南）078	（南）081	（南）084	（南）087	（南）701	（南）704
	高程(m)	139.61	121.598	131.809	123.886	163.279	144.984
	类别/基面	基本/85基准	基本/85基准	基本/85基准	基本/85基准	基本/85基准	基本/85基准
	位置	右岸	左岸	左岸	右岸	坝上	坝上
	编号 2	（南）079	（南）082	（南）085	（南）088	（南）702	（南）705
	高程(m)	139.012	120.87	135.824	121.274	161.733	145.203
	类别/基面	基本/85基准	基本/85基准	基本/85基准	基本/85基准	基本/85基准	基本/85基准
	位置	右岸	左岸	右岸	右岸	坝上	坝上
	编号 3	（南）080	（南）083	（南）086	（南）089	（南）703	（南）706
	高程(m)	139.511	120.474	138.525	123.11	162.884	142.809
	类别/基面	基本/85基准	基本/85基准	基本/85基准	基本/85基准	基本/85基准	基本/85基准
	位置	右岸	左岸	右岸	左岸	坝上	坝上
备注		冻结基面高程 + 0.000 m = 85 基准高程					

3.1.2.3　测报要求

1.大断面测量

测流断面,每年汛前、汛后各测1次。年度未发生洪水时或断面硬化固定的可减少测次。

2.水准点、水尺零点高程的校测

基本水准点逢0逢5年份必须校测。校核点、水准点、水尺零点高程每年汛前必须检查和校测,发现有变动迹象随时校测。

3.水位观测要求

汛前水尺测量时及每月上、中、下旬必须对水尺加读数和自记进行比测,确保自记水位的正确性;根据各巡测站的水位自记记录,计算水位变化幅度,进行相应的段次摘录,以满足控制和反映完整的洪水变化过程为目的,年、月最高最低水位极值必须摘录。

4.流量观测要求

巡测站流量测次要求,发生一般洪水,每站每年实测流量6次以上并分布于高、中、低水,如发生较大洪水以上时应相应增加高水流量测次。次年2月前完成水位—流量关系线修订,并提交年度测区水文巡测报告,巡测报告内容包括测区巡测站基本情况、年度雨水情况、设备维护管理情况、水毁及修复情况、巡测工作开展情况、巡测成果及分析、效益评价、大事记、意见和建议。

5.水情拍报要求

严格按当年的《水情报汛任务书》执行。

3.1.3　南阳测报中心基本雨量站、遥测雨量站

3.1.3.1　基本雨量站观测时间及报汛情况

南阳测报中心基本雨量站观测要求及整编成果一览表见表3-3。

表 3-3　南阳测报中心基本雨量站观测要求及整编成果一览表

属站类别	测站编码	站名	水系	河名	观测项目	观测时段		降水制表		摘录段制	自记或标准	水量调查表	报汛部门	备注	整编成果					
						非汛期	汛期	(1)或(2)	日表						逐日降水量表(汛期)	逐日降水量表(常年)	降水量摘录表	各时段最大降水量表(1)	各时段最大降水量表(2)	降水量站说明表
基本雨量	62044500	龙王沟	唐白河	泗水河	降水	24	24	(2)	√	24	自记		省	雨雪		√	√		√	√
基本雨量	62044900	南阳	唐白河	白河	降水	2	24	(1)	√	24	自记		省			√	√	√		√
基本雨量	62045000	瓦店	唐白河	白河	降水	24	24	(2)	√	24	自记		省	雨雪		√	√		√	√
基本雨量	62045100	陡坡	唐白河	潦河	降水	24	24	(2)	√	24	自记		省	雨雪		√	√		√	√
基本雨量	62045300	大马石眼	唐白河	潦河	降水	24	24	(2)	√	24	自记		省	雨雪		√	√		√	√
基本雨量	62049400	常营	唐白河	沙河	降水		24	(2)	√	24	自记		省	汛期	√		√		√	√
基本雨量	62049800	下潘营	唐白河	礓石河	降水	24	24	(2)	√	24	自记		省	汛期	√		√		√	√
基本雨量	62055000	武岱	唐白河	小清河	降水	24	24	(2)	√	24	自记		省	雨雪		√	√		√	√
基本雨量	62057500	大路张	唐白河	涧河	降水		24	(2)	√	24	自记		省	汛期	√		√		√	√
基本雨量	62047700	怨桥	唐白河	涧河	降水	24	24	(2)	√	24	自记		省	汛期	√		√		√	√
基本雨量	62048520	赵湾	唐白河	西赵河	降水	2	24	(1)	√	24	自记		省	汛期	√		√	√		√
基本雨量	62050100	青华	唐白河	礓石河	降水	24	24	(1)	√	24	自记		省	雨雪		√	√	√		√
基本雨量	62045500	赵庄	唐白河	潦河	降水	24	24	(2)	√	24	自记		省	雨雪		√	√		√	√
基本雨量	62051700	维摩寺	唐白河	赵河	降水	24	24	(2)	√	24	自记		省	雨雪		√	√		√	√
基本雨量	62051900	罗汉山	唐白河	赵河	降水	24	24	(2)	√	24	自记		省	雨雪		√	√		√	√

续表 3-3

属站类别	测站编码	站名	水系	河名	观测项目	观测时段		降水制表				水量调查表	报汛部门	备注	整编成果					
						非汛期	汛期	(1)或(2)	日表	摘录段制	自记或标准				逐日降水量表(汛期)	逐日降水量表(常年)	降水量摘录表	各时段最大降水量表(1)	各时段最大降水量表(2)	降水量站说明表
基本雨量	62052000	平高台	唐白河	赵河	降水	24	24	(2)	√	24	自记		省	雨雪		√	√		√	√
基本雨量	62052100	杨集	唐白河	潘河	降水		24	(2)	√	24	自记		省	汛期	√		√		√	√
基本雨量	62052200	方城	唐白河	潘河	降水	24	24	(1)	√	24	自记		省	雨雪		√	√	√		√
基本雨量	62052300	望花亭	唐白河	礓石扒河	降水	24	24	(2)	√	24	自记		省	雨雪		√	√		√	√
基本雨量	62052400	阳陂	唐白河	沙河	降水	24	24	(2)	√	24	自记		省	汛期	√		√		√	√
基本雨量	62052500	社旗	唐白河	唐河	降水	2	24	(1)	√	24	自记		省	雨雪		√	√		√	√
基本雨量	62053100	饶良	唐白河	饶良河	降水	24	24	(2)	√	24	自记		省	雨雪		√	√		√	√
基本雨量	62053200	坑黄	唐白河	饶良河	降水	24	24	(2)	√	24	自记		省	雨雪		√	√		√	√
基本雨量	62047900	高峰	唐白河	西赵河	降水	24	24	(2)	√	24	自记		省	汛期	√		√		√	√
基本雨量	62048200	二潭	唐白河	西赵河	降水		24	(2)	√	24	自记		省	汛期	√		√		√	√
基本雨量	62048300	柳树底	唐白河	西赵河	降水	24	24	(2)	√	24	自记		省	汛期	√		√		√	√
基本雨量	62048400	杏山	唐白河	西赵河	降水		24	(2)	√	24	自记		省	汛期	√		√		√	√
基本雨量	62048500	棠梨树	唐白河	西赵河	降水	2	24	(1)	√	24	自记		省			√	√	√		√
基本雨量	62048700	镇平	唐白河	西赵河	降水	24	24	(2)	√	24	自记		省	雨雪		√	√		√	√
基本雨量	62048900	芦医	唐白河	严陵河	降水	24	24	(2)	√	24	自记		省	雨雪		√	√		√	√
基本雨量	62049000	贾宋	唐白河	严陵河	降水	24	24	(2)	√	24	自记		省	雨雪		√	√		√	√

南阳水文测报中心雨量站观测时间及报汛情况一览表见表3-4。

表3-4　南阳水文测报中心雨量站观测时间及报汛情况一览表

站类	测站编码	站名	观测时间（月-日）	是否报汛	拍报任务		备注
					拍报起止	拍报段次	
基本雨量站	62044500	龙王沟	01-01 ~ 12-31	是	01-01 ~ 12-31	10 min 有雨即报	雨雪
	62044900	南阳	01-01 ~ 12-31	是	01-01 ~ 12-31	10 min 有雨即报	
	62045000	瓦店	01-01 ~ 12-31	是	01-01 ~ 12-31	10 min 有雨即报	雨雪
	62045100	陡坡	01-01 ~ 12-31	是	01-01 ~ 12-31	10 min 有雨即报	雨雪
	62045300	大马石眼	01-01 ~ 12-31	是	01-01 ~ 12-31	10 min 有雨即报	雨雪
	62049400	常营	05-01 ~ 09-30	是	05-01 ~ 09-30	10 min 有雨即报	汛期
	62049800	下潘营	05-01 ~ 09-30	是	05-01 ~ 09-30	10 min 有雨即报	汛期
	62050400	沙堰	05-01 ~ 09-30	是	05-01 ~ 09-30	10 min 有雨即报	汛期
	62050500	新野	01-01 ~ 12-31	是	01-01 ~ 12-31	10 min 有雨即报	雨雪
	62055000	武砦	05-01 ~ 09-30	是	05-01 ~ 09-30	10 min 有雨即报	汛期
	62057500	大路张	05-01 ~ 09-30	是	05-01 ~ 09-30	10 min 有雨即报	汛期
	62057700	忽桥	05-01 ~ 09-30	是	05-01 ~ 09-30	10 min 有雨即报	汛期
	62048520	赵湾	01-01 ~ 12-31	是	01-01 ~ 12-31	10 min 有雨即报	
	62050100	青华	05-01 ~ 09-30	是	05-01 ~ 09-30	10 min 有雨即报	汛期
	62045500	赵庄	01-01 ~ 12-31	是	01-01 ~ 12-31	10 min 有雨即报	雨雪
	62051700	维摩寺	01-01 ~ 12-31	是	01-01 ~ 12-31	10 min 有雨即报	雨雪
	62051900	罗汉山	01-01 ~ 12-31	是	01-01 ~ 12-31	10 min 有雨即报	雨雪
	62052000	平高台	01-01 ~ 12-31	是	01-01 ~ 12-31	10 min 有雨即报	雨雪
	62052100	杨集	05-01 ~ 09-30	是	05-01 ~ 09-30	10 min 有雨即报	汛期
	62052200	方城	01-01 ~ 12-31	是	01-01 ~ 12-31	10 min 有雨即报	雨雪
	62052300	望花亭	01-01 ~ 12-31	是	01-01 ~ 12-31	10 min 有雨即报	雨雪
	62052400	陌陂	05-01 ~ 09-30	是	05-01 ~ 09-30	10 min 有雨即报	汛期
	62052500	社旗	01-01 ~ 12-31	是	01-01 ~ 12-31	10 min 有雨即报	
	62053100	饶良	01-01 ~ 12-31	是	01-01 ~ 12-31	10 min 有雨即报	雨雪
	62053200	坑黄	01-01 ~ 12-31	是	01-01 ~ 12-31	10 min 有雨即报	雨雪
	62047900	高峰	05-01 ~ 09-30	是	05-01 ~ 09-30	10 min 有雨即报	汛期
	62048200	二潭	05-01 ~ 09-30	是	05-01 ~ 09-30	10 min 有雨即报	汛期
	62048300	柳树底	05-01 ~ 09-30	是	05-01 ~ 09-30	10 min 有雨即报	汛期
	62048400	杏山	05-01 ~ 09-30	是	05-01 ~ 09-30	10 min 有雨即报	汛期

续表 3-4

站类	测站编码	站名	观测时间（月-日）	是否报汛	拍报任务		备注
					拍报起止	拍报段次	
基本雨量站	62048500	棠梨树	01-01～12-31	是	01-01～12-31	10 min 有雨即报	
	62048700	镇平	05-01～09-30	是	05-01～09-30	10 min 有雨即报	汛期
	62048900	芦医	05-01～09-30	是	05-01～09-30	10 min 有雨即报	汛期
	62049000	贾宋	01-01～12-31	是	01-01～12-31	10 min 有雨即报	雨雪
遥测雨量站	73 个遥测站		03-15～11-01	是	03-15～11-01	10 min 有雨即报	

注：严格按当年的《水情报汛任务书》执行。

3.1.3.2 基本雨量站指导要求

（1）保证所属站的观测资料完整、可靠，报汛准确及时。

（2）负责所属站的资料校核、合理性检查和在站整编工作。

（3）对所属站的业务技术辅导必须固定专人负责，辅导员要熟悉所属站的业务，能独立指导工作，每年对所属站至少检查、辅导 2 次，其中 1 次须在汛前进行，对问题较多的站要定时检查指导，发现问题及时解决。

3.1.3.3 遥测雨量站管理维护任务

（1）每年 3 月应完成辖区内遥测系统检修维护任务，使系统的畅通率和准确率达标，确保系统以良好状态投入当年的运行，检修维护结束后要将检修维护工作报告上报归口地市分中心。

（2）每月 3 日前要按《河南省防汛抗旱雨水情遥测系统管理维护办法》附件二的要求填写本测区内遥测系统项目维护情况上报分中心。

（3）一般故障要在 24 h 以内进行维修，并做好维修记录；遥测站遭到人为毁坏或因工程建设等暂时无法使用遥测设备时，其设备应妥善保管，并在 10 d 以内通过迁移或改建，尽快恢复其功能。

3.1.4 南阳测报中心生态流量站

每周一上报 1 次监测断面周平均流量，建立相关水位—流量关系曲线。

3.1.5 南阳测报中心墒情站

（1）测点布设：垂向测点布设用三点法，即 10 cm、20 cm、40 cm。

（2）遇有特殊旱情，根据需要随时加测。

（3）严格按当年的《水情报汛任务书》执行。

（4）按要求及时做好人工对比观测工作。

3.1.6 南阳测报中心水质站

按照每年河南省水文水资源局下达的《××××年度河南省地表水功能区水质监测

实施方案》,完成采送样任务。

3.2 西峡水文局

3.2.1 西峡水文局国家基本水文站、水位站

西峡水文局管辖西峡水文站、荆紫关水文站、米坪水文站、西坪水文站等共计 4 个水文站,要合理安排驻站职守人员,严格执行测站任务书各项要求。

3.2.1.1 水位观测段次要求

西峡水文局国家基本水文站、水位站水位观测段次要求见表 3-5。

表 3-5 西峡水文局国家基本水文站、水位站水位观测段次要求

段次要求	二段	四段	八段	备注
日变化(m)	<0.12	0.12 ~ 0.24	>0.24	峰顶附近或水位转折变化处加密观测
水位级(m)				

水位平稳时每日 8 时观测 1 次,洪水期或遇水情突变时必须加测,以测得完整水位变化过程为原则。每日 8 时校测自记水位记录,洪水期适当增加校测次数。定期检测各类水位计,保证正常运行;按有关要求定期取、存数据。

3.2.1.2 流量测验要求

流量测验应控制流量变化过程、满足推算逐日平均流量和各项特征值的要求,根据高、中、低各级水位情况,合理地分布于各级水位和水情变化过程的转折点处。河床稳定,控制良好,满足水位一流量关系稳定的站每年测次不少于 15 次;受冲淤、洪水涨落或水生植物等影响的,在平水期,根据水情变化或植物生长情况每 3 ~ 5 d 测流一次,洪水期每个较大洪水过程,测流不少于 5 次,如峰形变化复杂或洪水过程持久,应适当增加测次,根据本站发生洪水级别合理科学地选择恰当的测洪方案(见附表河南省南阳水文水资源勘测局水文站测洪方案一览表)进行测洪;受变动回水或混合影响的,其测流次数根据变动回水和混合影响程度而增加,以能测得流量的变化过程为度。

每次测流同时观测记录水位、天气、风向、风力及影响水位一流量关系变化的有关情况。在高、中水测流时同时观测比降。

3.2.1.3 含沙量

1. 单样含沙量

以控制含沙量转折变化和建立单断沙关系为原则。含沙量变化很小时,可每 4 ~ 10 d 取样 1 次。每次较大洪峰过程,一般不少于 4 ~ 8 次。洪峰重叠或水、沙峰不一致,含沙量变化剧烈时,应增加测次。如河水清澈,可改为目测,含沙量按 0 处理。

2. 输沙率

根据测站级别每年输沙率测验不少于 10 ~ 20 次,测次分布应能控制流量和含沙量的主要转折变化,原则上每次较大洪峰不少于 5 次。

3.2.1.4 降雨、蒸发

(1)标准雨量器:每日 8 时定时观测 1 次,1~4 月按 2 段观测,10~12 月按 2 段观测,暴雨时适当加测。观测初、终霜。

(2)虹吸式自记雨量:每日 8 时定时观测 1 次,降水之日 20 时检查 1 次,暴雨时适当增加检查次数。5~9 月按 24 段摘录。

(3)蒸发:每日 8 时定时观测 1 次,蒸发量异常时需说明原因。

3.2.1.5 水准测量

1. 水准点高程测量

逢 5 逢 0 年份必须对基本水准点进行复测,校核水准点每年校测 1 次,如发现有变动或可疑变动,应及时复测并查明原因。

2. 水尺、大断面测量

每年汛期前后各校测 1 次,在水尺发生变动或有可疑变动时,应随时校测。新设水尺应随测随校;每年汛前施测大断面,汛后施测过水断面,在每次洪水后应予加测。较大洪水时采用比降面积法或浮标法测流后,必须加测。固化河槽在逢 5 逢 0 年份施测 1 次。

3.2.1.6 水温

水温每日 8 时观测。冬季稳定封冻期,所测水温连续 3~5 日皆在 0.2 ℃ 以下时,即可停止观测。当水面有融化迹象时,应立即恢复观测。无较长稳定封冻期不应中断观测。

3.2.1.7 水文调查

水文调查包括断面以上(区间)流域基本情况调查、水量调查、暴雨和洪水调查及专项水文调查,并编写调查报告。

3.2.1.8 报汛任务

严格执行《水情信息编码》(SL 330—2011)、《水情报汛任务书》和拟校报制度,做到"四随"(随测算、随发报、随整理、随分析)和"四不"(不错报、不迟报、不缺报、不漏报)。

(1)降水:汛期采用 RTU 自动拍报并人工校核,实行 10 min 拍报 1 次。

(2)水情:依据实测点修正报汛曲线,并参考历年水位—流量关系线报汛,按段制要求在 10 min 内报至南阳水文局水情科。一级起报以下 1 段制,以上采用 4~12 段制;达到二级加报标准,涨水 12 段制,落水 4~12 段制;二级加报标准以上,达到三级加报标准拍报时,涨水按 24 段次拍报水情,落水按 12~24 段次拍报水情,同时加报洪峰过程。实测流量,随测随报,洪峰发现即发。

3.2.2 西峡水文局中小河流巡测站、水位站

3.2.2.1 设站目的

为加强水文测站站网及基础设施建设,完善市水文巡测基地和应急监测能力,密切监控河流汛情,提高水文监测能力和预报精度而设立。

3.2.2.2 测站基础设施/设备情况

西峡水文局测站基本设施/设备情况见表 3-6。

表 3-6 西峡水文局测站基本设施／设备情况

站类		巡测站						水位站		
站名		尚台	花园关	淅川	军马河	双龙	丁河	荆紫关渠	重阳水库	七峪水库
建站时间（年-月）		2014-07	2014-07	2014-07	2014-07	2014-07	2014-07	2014-07	2014-07	2014-07
测站编码		62006600	62006750	62008830	62008950	62009000	62009150	62001720	62009600	62014700
自记井设施	位置	基本水尺断面	基本水尺断面	基本水尺断面	基本水尺断面	基本水尺断面	基本水尺断面	基本水尺断面	基本水尺断面	基本水尺断面
	类型	岛式	岛式	岛式	岛式	岛式	岛式		岛式	岛式
	井深(m)	8.5	7.5	11.5	7	9.5	8.5		10	10
	最高水位(m)	190.83	413.79	183.58	361.31	335.19	277.85		375	255.5
	最低水位(m)	182.33	406.29	172.08	354.31	325.69	269.35		365	245.5
水文监测仪器设备	遥测雨量计	JD－05	JD－05	JD－05	JD－05	JD－05	JD－05	JD－05	JD－05	JD－05
	遥测水位计	WFX－40型	WFX－40型	WFX－40型	WFX－40型	WFX－40型	WFX－40型	WFX－40型	WFX－40型	WFX－40型
	测控终端	WATER－2000C	WATER－2000C	WATER－2000C	WATER－2000C	WATER－2000C	WATER－2000C	WATER－2000C	WATER－2000C	WATER－2000C
水准点	编号1	（南）122	（南）119	（南）125	（南）116	（南）110	（南）113	（南）692	（南）710	（南）707
	高程(m)	201.533	411.855	181.173	360.47	329.351	276.194	227.199	372.839	256.261
	类别/基面	基本/85基准	基本/85基准	基本/85基准	基本/85基准	基本/85基准	基本/85基准	基本/85基准	基本/85基准	基本/85基准
	位置	左岸	左岸	左岸	左岸	左岸	左岸			
	编号2	（南）123	（南）120	（南）126	（南）117	（南）111	（南）114	（南）693	（南）711	（南）708
	高程(m)	188.168	410.873	181.247	360.459	333.601	276.015	224.635	379.536	250.817
	类别/基面	基本/85基准	基本/85基准	基本/85基准	基本/85基准	基本/85基准	基本/85基准	基本/85基准	基本/85基准	基本/85基准
	位置	右岸	右岸	左岸	左岸	左岸	左岸			
	编号3	（南）124	（南）121	（南）127	（南）118	（南）112	（南）115	（南）694	（南）712	（南）709
	高程(m)	188.788	411.53	186.582	360.938	338.243	276.231	218.891	372.54	256.332
	类别/基面	基本/85基准	基本/85基准	基本/85基准	基本/85基准	基本/85基准	基本/85基准	基本/85基准	基本/85基准	基本/85基准
	位置	右岸	右岸	左岸	左岸	左岸	左岸			
备注										

3.2.2.3　测报要求

1. 大断面测量

测流断面,每年汛前、汛后各测 1 次。年度未发生洪水时或断面硬化固定的可减少测次。

2. 水准点、水尺零点高程的校测

基本水准点逢 0 逢 5 年份必须校测。校核点、水准点、水尺零点高程每年汛前必须检查和校测,发现有变动迹象有随时校测。

3. 水位观测要求

汛前水尺测量时及每月上、中、下旬必须对水尺加读数和自记进行比测,确保自记水位的正确性;根据各巡测站的水位自记记录,计算水位变化幅度,进行相应的段次摘录,以满足控制和反映完整的洪水变化过程为目的,年、月最高最低水位极值必须摘录。

4. 流量观测要求

巡测站流量测次要求,发生一般洪水,每站每年实测流量 6 次以上并分布于高、中、低水,当发生较大洪水以上时应相应增加高水流量测次。次年 2 月前完成水位—流量关系线修订,并提交年度测区水文巡测报告,巡测报告内容包括测区巡测站基本情况、年度雨水情况、设备维护管理情况、水毁及修复情况、巡测工作开展情况、巡测成果及分析、效益评价、大事记、意见和建议。

5. 水情拍报要求

严格按当年的《水情报汛任务书》执行。

3.2.3　西峡水文局基本雨量站、遥测雨量站

3.2.3.1　雨量站观测时间及报汛情况

西峡水文局基本雨量站观测要求及整编成果一览表见表 3-7。

表 3-7　西峡水文局基本雨量站观测要求及整编成果一览表

属站类别	测站编码	站名	水系	河名	观测项目	观测时段		降水制表		摘录段制	自记或标准	水量调查表	报汛部门	备注	整编成果					
						非汛期	汛期	(1)或(2)	日表						逐日降水量表（汛期）	逐日降水量表（常年）	降水量摘录表	各时段最大降水量表(1)	各时段最大降水量表(2)	降水量站说明表
基本雨量	62035100	黄石庵	丹江	军马河	降水		24	(2)	✓	24	自记		省	汛期	✓		✓	✓		✓
基本雨量	62035300	军马河	丹江	军马河	降水		24	(2)	✓	24	自记		省	汛期	✓		✓	✓		✓
基本雨量	62035900	蛇尾	丹江	蛇尾河	降水	24	24	(2)	✓	24	自记		省	雨量		✓	✓	✓		✓
基本雨量	62036300	重阳	丹江	丁河	降水	24	24	(2)	✓	24	自记		省	雨量		✓	✓	✓		✓
基本雨量	62036500	陈阳坪	丹江	陈阳河	降水	24	24	(2)	✓	24	自记		省	雨量		✓	✓	✓		✓
基本雨量	62046700	丹水	唐白河	丹水河	降水	24	24	(2)	✓	24	自记		省	雨量		✓	✓	✓		✓
基本雨量	62046800	阳城	丹江	阳城河	降水		24	(2)	✓	24	自记		省	汛期	✓		✓	✓		✓
基本雨量	62028400	瓦岔沟	丹江	淇河	降水	24	24	(2)	✓	24	自记		省	雨量		✓	✓	✓		✓
基本雨量	62028600	罗家庄	丹江	杨淇河	降水		24	(2)	✓	24	自记		省	汛期	✓		✓	✓		✓
基本雨量	62028000	狮子坪	丹江	淇河	降水	24	24	(2)	✓	24	自记		省	雨量		✓	✓	✓		✓
基本雨量	62028200	里曼坪	丹江	淇河	降水		24	(2)	✓	24	自记		省	汛期	✓		✓	✓		✓
基本雨量	62029100	方家庄	丹江	峡河	降水	24	24	(2)	✓	24	自记		省	雨量		✓	✓	✓		✓
基本雨量	62036700	丁河	丹江	丁河	降水		24	(1)	✓	24	自记		省	汛期	✓		✓	✓		✓
基本雨量	62037300	西峡	丹江	老灌河	降水	2	24	(2)	✓	24	自记		省	雨量		✓	✓		✓	✓
基本雨量	62035500	太平镇	丹江	蛇尾河	降水	24	24	(2)	✓	24	自记		省	雨量		✓	✓		✓	✓
基本雨量	62035700	二郎坪	丹江	蛇尾河	降水	24	24	(2)	✓	24	自记		省	雨量		✓	✓		✓	✓
基本雨量	62027800	荆紫关	丹江	丹江	降水	2	24	(1)	✓	24	自记		省	雨量		✓	✓	✓	✓	✓

续表 3-7

属站类别	测站编码	站名	水系	河名	观测项目	观测时段 非汛期	观测时段 汛期	降水制表 (1)或(2)	降水制表 日表	降水制表 摘录段制	降水制表 自记或标准	降水制表 水量调查表	报汛部门	备注	整编成果 逐日降水量表(汛期)	整编成果 逐日降水量表(常年)	整编成果 降水量摘录表	整编成果 各时段最大降水量摘录表(1)	整编成果 各时段最大降水量表(2)	整编成果 降水量站说明表
基本雨量	62030200	西黄	丹江	淇河	降水		24	(2)		24	自记		省	汛期	√					√
基本雨量	62030400	磨峪湾	丹江	丹江	降水	24	24	(2)	√	24	自记		省	雨量		√	√		√	√
基本雨量	62032200	白沙岗	丹江	湍河	降水	24	24	(2)	√	24	自记		省	雨量		√	√		√	√
基本雨量	62032400	城关	丹江	丹江	降水		24	(2)	√	24	自记		省	汛期	√		√		√	√
基本雨量	62037500	安沟	丹江	索河	降水	24	24	(2)	√	24	自记		省	雨量		√			√	√
基本雨量	62037700	淅川	丹江	老灌河	降水	24	24	(2)	√	24	自记		省	雨量		√	√		√	√
基本雨量	62038100	黄庄	丹江	丹江	降水	24	24	(2)	√	24	自记		省	雨量		√			√	√
基本雨量	62038700	仓房	丹江	丹江	降水	24	24	(2)	√	24	自记		省	雨量		√			√	√
基本雨量	62032800	香山	丹江	老灌河	降水		24	(2)	√	24	自记		省	汛期	√		√		√	√
基本雨量	62033000	三川	丹江	叫河	降水	24	24	(2)	√	24	自记		省	汛期	√				√	√
基本雨量	62033200	叫河	丹江	叫河	降水	24	24	(2)	√	24	自记		省	雨量		√			√	√
基本雨量	62033400	黄坪	丹江	汤河	降水	24	24	(2)	√	24	自记		省	汛期	√		√		√	√
基本雨量	62033600	朱阳关	丹江	老灌河	降水	24	24	(2)	√	24	自记		省	雨量		√	√		√	√
基本雨量	62033800	桑坪	丹江	老灌河	降水	24	24	(2)	√	24	自记		省	雨量		√	√		√	√
基本雨量	62034000	黑烟镇	丹江	老灌河	降水	24	24	(2)	√	24	自记		省	雨量		√	√		√	√
基本雨量	62034700	新庄	丹江	官山河	降水	24	24	(2)	√	24	自记		省	雨量		√	√		√	√
基本雨量	62034500	米坪	丹江	老灌河	降水	2	24	(1)	√	24	自记		省			√	√	√		√
基本雨量	62029600	西坪	丹江	淇河	降水	2	24	(1)	√	24	自记		省			√	√	√		√

西峡测区雨量站观测时间及报汛情况一览表见表3-8。

表3-8 西峡测区雨量站观测时间及报汛情况一览表

站类	测站编码	站名	观测时间（月-日）	是否报汛	拍报任务		备注
					拍报起止（月-日）	拍报段次	
基本雨量站	62028000	狮子坪	01-01 ~ 12-31	是	01-01 ~ 12-31	10 min 有雨即报	雨雪
	62032800	香山	05-01 ~ 10-01	是	05-01 ~ 10-01	10 min 有雨即报	汛期
	62028200	里曼坪	05-01 ~ 10-01	是	05-01 ~ 10-01	10 min 有雨即报	汛期
	62033400	黄坪	05-01 ~ 10-01	是	05-01 ~ 10-01	10 min 有雨即报	汛期
	62028400	瓦窑沟	01-01 ~ 12-31	是	01-01 ~ 12-31	10 min 有雨即报	雨雪
	62033600	朱阳关	01-01 ~ 12-31	是	01-01 ~ 12-31	10 min 有雨即报	雨雪
	62033000	三川	05-01 ~ 10-01	是	05-01 ~ 10-01	10 min 有雨即报	汛期
	62033200	叫河	01-01 ~ 12-31	是	01-01 ~ 12-31	10 min 有雨即报	雨雪
	62030200	西簧	05-01 ~ 10-01	是	05-01 ~ 10-01	10 min 有雨即报	汛期
	62001822	磨峪湾	01-01 ~ 12-31	是	01-01 ~ 12-31	10 min 有雨即报	雨雪
	62001823	白沙岗	01-01 ~ 12-31	是	01-01 ~ 12-31	10 min 有雨即报	雨雪
	62032400	城关	05-01 ~ 10-01	是	05-01 ~ 10-01	10 min 有雨即报	汛期
	62001820	安沟	01-01 ~ 12-31	是	01-01 ~ 12-31	10 min 有雨即报	雨雪
	62001800	淅川	01-01 ~ 12-31	是	01-01 ~ 12-31	10 min 有雨即报	雨雪
	62038100	黄庄	01-01 ~ 12-31	是	01-01 ~ 12-31	10 min 有雨即报	雨雪
	62001824	仓坊	01-01 ~ 12-31	是	01-01 ~ 12-31	10 min 有雨即报	雨雪
	62029100	方家庄	01-01 ~ 12-31	是	01-01 ~ 12-31	10 min 有雨即报	雨雪
	62028600	罗家庄	05-01 ~ 10-01	是	05-01 ~ 10-01	10 min 有雨即报	汛期
	62033800	桑坪	01-01 ~ 12-31	是	01-01 ~ 12-31	10 min 有雨即报	雨雪
	62034000	黑烟镇	01-01 ~ 12-31	是	01-01 ~ 12-31	10 min 有雨即报	雨雪
	62034700	新庄	01-01 ~ 12-31	是	01-01 ~ 12-31	10 min 有雨即报	雨雪
	62035100	黄石庵	05-01 ~ 10-01	是	05-01 ~ 10-01	10 min 有雨即报	汛期
	62035300	军马河	05-01 ~ 10-01	是	05-01 ~ 10-01	10 min 有雨即报	汛期
	62035500	太平镇	01-01 ~ 12-31	是	01-01 ~ 12-31	10 min 有雨即报	雨雪
	62035700	二郎坪	01-01 ~ 12-31	是	01-01 ~ 12-31	10 min 有雨即报	雨雪
	62035900	蛇尾	01-01 ~ 12-31	是	01-01 ~ 12-31	10 min 有雨即报	雨雪
	62036300	重阳	01-01 ~ 12-31	是	01-01 ~ 12-31	10 min 有雨即报	雨雪
	62036500	陈阳坪	05-01 ~ 10-01	是	05-01 ~ 10-01	10 min 有雨即报	汛期
	62036700	丁河	05-01 ~ 10-01	是	05-01 ~ 10-01	10 min 有雨即报	汛期

续表 3-8

站类	测站编码	站名	观测时间（月-日）	是否报汛	拍报任务		备注
					拍报起止(月-日)	拍报段次	
基本雨量站	62046700	丹水	01-01 ～ 12-31	是	01-01 ～ 12-31	10 min 有雨即报	雨雪
	62046800	阳城	05-01 ～ 10-01	是	05-01 ～ 10-01	10 min 有雨即报	汛期
遥测雨量站	69 个遥测站		03-15 ～ 11-01	是	03-15 ～ 11-01	10 min 有雨即报	

注：严格按当年的《水情报汛任务书》执行。

3.2.3.2　基本雨量站指导要求

(1)保证所属站的观测资料完整、可靠,报汛准确及时。

(2)负责所属站的资料校核、合理性检查和在站整编工作。

(3)对所属站的业务技术辅导必须固定专人负责,辅导员要熟悉所属站的业务,能独立指导工作,每年对所属站至少检查、辅导 2 次,其中 1 次须在汛前进行,对问题较多的站要定时检查指导,发现问题及时解决。

3.2.3.3　遥测雨量站管理维护任务

(1)每年 3 月应完成辖区内遥测系统检修维护任务,使系统的畅通率和准确率达标,确保系统以良好状态投入当年的运行,检修维护结束后要将检修维护工作报告上报归口地市分中心。

(2)每月 3 日前要按《河南省防汛抗旱雨水情遥测系统管理维护办法》附件二的要求填写本测区内遥测系统项目维护情况上报分中心。

(3)一般故障要在 24 h 以内进行维修,并做好维修记录;遥测站遭到人为毁坏或因工程建设等暂时无法使用遥测设备时,其设备应妥善保管,并在 10 d 以内通过迁移或改建,尽快恢复其功能。

3.2.4　西峡水文局生态流量站

每周一上报 1 次监测断面周平均流量,建立相关水位—流量关系线。

3.2.5　西峡水文局墒情站

(1)测点布设:垂向测点布设用三点法,即 10 cm、20 cm、40 cm。

(2)遇有特殊旱情,根据需要随时加测。

(3)严格按当年的《水情报汛任务书》执行。

(4)按要求及时做好人工对比观测工作。

3.2.6　西峡水文局水质站

按照每年河南省水文水资源局下达的《××××年度河南省地表水功能区水质监测实施方案》,完成采送样任务。

3.3　南召水文局

3.3.1　南召水文局国家基本水文站、水位站

南召水文局管辖鸭河口水库、白土岗（二）、李青店（二）、留山（二）、口子河共计 5 个水文站，要合理安排驻站职守人员，严格执行测站任务书各项要求。

3.3.1.1　水位观测段次要求

南召水文局国家基本水文站、水位站水位观测要求见表3-9。

表 3-9　南召水文局国家基本水文站、水位站水位观测要求

段次要求	二段	四段	八段	备注
日变化（m）	<0.12	0.12～0.24	>0.24	峰顶附近或水位转折变化处加密观测
水位级（m）				

　　水位平稳时每日 8 时观测 1 次，洪水期或遇水情突变时必须加测，以测得完整水位变化过程为原则。每日 8 时校测自记水位记录，洪水期适当增加校测次数。定期检测各类水位计，保证正常运行；按有关要求定期取、存数据。

3.3.1.2　流量测验要求

　　流量测验应控制流量变化过程、满足推算逐日平均流量和各项特征值的要求，根据高、中、低各级水位情况，合理地分布于各级水位和水情变化过程的转折点处。河床稳定，控制良好，满足水位—流量关系稳定的站每年测次不少于 15 次；受冲淤、洪水涨落或水生植物等影响的，在平水期，根据水情变化或植物生长情况每 3～5 d 测流 1 次，洪水期每个较大洪水过程，测流不少于 5 次，如峰形变化复杂或洪水过程持久，应适当增加测次，根据本站发生洪水级别合理科学地选择恰当的测洪方案（见附表河南省南阳水文水资源勘测局水文站测洪方案一览表）进行测洪；受变动回水或混合影响的，其测流次数根据变动回水和混合影响程度而增加，以能测得流量的变化过程为度。

　　每次测流同时观测记录水位、天气、风向、风力及影响水位—流量关系变化的有关情况。在高、中水测流时同时观测比降。

3.3.1.3　含沙量

　　1. 单样含沙量

　　以控制含沙量转折变化和建立单断沙关系为原则。含沙量变化很小时，可每 4～10 d 取样 1 次。每次较大洪峰过程，一般不少于 4～8 次。洪峰重叠或水、沙峰不一致，含沙量变化剧烈时，应增加测次。如河水清澈，可改为目测，含沙量按 0 处理。

　　2. 输沙率

　　根据测站级别每年输沙率测验不少于 10～20 次，测次分布应能控制流量和含沙量的主要转折变化，原则上每次较大洪峰不少于 5 次。

3.3.1.4　降水、蒸发

　　（1）标准雨量器：每日 8 时定时观测 1 次，1～4 月按 2 段观测，10～12 月按 2 段观测，

暴雨时适当加测。观测初终霜。

（2）虹吸式自记雨量：每日8时定时观测1次，降水之日20时检查1次，暴雨时适当增加检查次数。5～9月按24段摘录。

（3）蒸发：每日8时定时观测1次，蒸发量异常时需说明原因。

3.3.1.5　水准测量

1. 水准点高程测量

逢5逢0年份必须对基本水准点进行复测，校核水准点每年校测1次，如发现有变动或可疑变动，应及时复测并查明原因。

2. 水尺、大断面测量

每年汛期前后各校测1次，在水尺发生变动或有可疑变动时，应随时校测。新设水尺应随测随校；每年汛前施测大断面，汛后施测过水断面，在每次洪水后应予加测。较大洪水时采用比降面积法或浮标法测流后，必须加测。固化河槽在逢5逢0年份施测1次。

3.3.1.6　水温

水温每日8时观测。冬季稳定封冻期，所测水温连续3～5日皆在0.2 ℃以下时，即可停止观测。当水面有融化迹象时，应立即恢复观测。无较长稳定封冻期不应中断观测。

3.3.1.7　水文调查

水文调查包括断面以上（区间）流域基本情况调查、水量调查、暴雨和洪水调查及专项水文调查，并编写调查报告。

3.3.1.8　报汛任务

严格执行《水情信息编码》（SL 330—2011）、《水情报汛任务书》和拟校报制度，做到"四随"（随测算、随发报、随整理、随分析）和"四不"（不错报、不迟报、不缺报、不漏报）。

（1）降水：汛期采用RTU自动拍报并人工校核，实行10 min拍报1次。

（2）水情：依据实测点修正报汛曲线，并参考历年水位—流量关系线报汛，按段制要求在10 min内报至南阳水文局水情科。一级起报以下1段制，以上采用4～12段制；达到二级加报标准，涨水12段制，落水4～12段制；二级加报标准以上，达到三级加报标准拍报时，涨水按24段次拍报水情，落水按12～24段次拍报水情，同时加报洪峰过程。实测流量，随测随报，洪峰发现即发。

3.3.2　南召水文局中小河流巡测站、水位站

3.3.2.1　设站目的

为加强水文测站站网及基础设施建设，完善市水文巡测基地和应急监测能力，密切监控河流汛情，提高水文监测能力和预报精度而设立的专用站。

3.3.2.2　测站基础设施/设备情况

南召水文局测站基础设施/设备情况见表3-10。

表 3-10　南召水文局测站基础设施/设备情况

站类		巡测站			水位站
站名		乔端	马市坪	南河店	辛庄
建站时间(年-月)		2014-12	2014-12	2014-12	2014-12
测站编码		62010750	62012100	62012500	62012050
自记井设施	位置	基本水尺断面	基本水尺断面	基本水尺断面	基本水尺断面
	类型	岛式	岛式	岛式	岛式
	井深(m)	7	8.5	9.5	9.5
	最高水位(m)	351.89	337.3	182.7	237
	最低水位(m)	344.89	328.8	173.2	227.5
水文监测仪器设备	遥测雨量计	JD-05	JD-05	JD-05	JD-05
	遥测水位计	WFX-40 型	WFX-40 型	WFX-40 型	WFX-40 型
	测控终端	WATER-2000C	WATER-2000C	WATER-2000C	WATER-2000C
水准点	编号1	(南)146	(南)149	(南)152	(南)716
	高程(m)	357.117	332.791	182.161	221.634
	类别/基面	基本/85 基准	基本/85 基准	基本/85 基准	基本/85 基准
	位置	右岸	左岸	右岸	坝上
	编号2	(南)147	(南)150	(南)153	(南)717
	高程(m)	349.422	336.857	179.388	241.495
	类别/基面	基本/85 基准	基本/85 基准	基本/85 基准	基本/85 基准
	位置	右岸	左岸	右岸	坝上
	编号3	(南)148	(南)151	(南)154	(南)718
	高程(m)	354.537	336.312	179.96	237.384
	类别/基面	基本/85 基准	基本/85 基准	基本/85 基准	基本/85 基准
	位置	右岸	左岸	右岸	坝上
备注		冻结基面高程 +0.000 m = 85 基准高程			

3.3.2.3　测报要求

1. 大断面测量

测流断面,每年汛前、汛后各测 1 次。年度未发生洪水时或断面硬化固定的可减少测次。

2. 水准点、水尺零点高程的校测

基本水准点逢 0 逢 5 年份必须校测。校核点、水准点、水尺零点高程每年汛前必须检查和校测,发现有变动迹象时随时校测。

3. 水位观测要求

汛前水尺测量时及每月上、中、下旬必须对水尺加读数和自记进行比测,确保自记水位的正确性;根据各巡测站的水位自记记录,计算水位变化幅度,进行相应的段次摘录,以满足控制和反映完整的洪水变化过程为目的,年、月最高最低水位极值必须摘录。

4. 流量观测要求

巡测站流量测次要求,发生一般洪水,每站每年实测流量 6 次以上并分布于高、中、低水,当发生较大洪水以上时应相应增加高水流量测次。次年 2 月前完成水位流量—关系线修订,并提交年度测区水文巡测报告,巡测报告内容包括测区巡测站基本情况、年度雨水情况、设备维护管理情况、水毁及修复情况、巡测工作开展情况、巡测成果及分析、效益评价、大事记、意见和建议。

5. 水情拍报要求

严格按当年的《水情报汛任务书》执行。

3.3.3　南召水文局基本雨量站、遥测雨量站

3.3.3.1　南召水文局雨量站观测时间和拍报任务

南召水文局基本雨量站观测要求及整编成果一览表见表 3-11。

表 3-11　南召水文局基本雨量站观测要求及整编成果一览表

属站类别	测站编码	站名	水系	河名	观测项目	观测时段 非汛期	观测时段 汛期	降水制表 (1)或(2)	降水制表 日表	摘录段制	自记或标准	水量调查表	报汛部门	备注	逐日降水量表(汛期)	逐日降水量表(常年)	降水量摘录表	各时段最大降水量表(1)	各时段最大降水量表(2)	降水量站说明表
基本雨量	62040500	白河	唐白河	白河	降水量	24	24	(2)	✓	24	自记		省	雨雪		✓	✓		✓	✓
基本雨量	62040600	竹园	唐白河	东状河	降水量		24	(2)	✓	24	自记		省	汛期	✓		✓		✓	✓
基本雨量	62040700	乔端	唐白河	白河	降水量	24	24	(2)	✓	24	自记		省	雨雪		✓	✓		✓	✓
基本雨量	62040800	王莽	唐白河	淞河	降水量		24	(2)	✓	24	自记		省	汛期	✓		✓		✓	✓
基本雨量	62040900	小街	唐白河	空运河	降水量	24	24	(2)	✓	24	自记		省	雨雪		✓	✓		✓	✓
基本雨量	62041000	钟店	唐白河	淞河	降水量	24	24	(2)	✓	24	自记		省	雨雪		✓	✓		✓	✓
基本雨量	62041200	余坪	唐白河	白河	降水量		24	(2)	✓	24	自记		省	汛期	✓		✓		✓	✓
基本雨量	62041300	白土岗	唐白河	白河	降水量	2	24	(1)	✓	24	自记		省			✓	✓		✓	✓
基本雨量	62042200	花子岭	唐白河	大河	降水量		24	(2)	✓	24	自记		省	汛期	✓		✓	✓		✓
基本雨量	62041400	焦园	唐白河	黄鸭河	降水量	24	24	(2)	✓	24	自记		省	雨雪		✓	✓		✓	✓
基本雨量	62041500	马市坪	唐白河	黄鸭河	降水量	24	24	(2)	✓	24	自记		省	雨雪		✓	✓		✓	✓
基本雨量	62041600	茶园	唐白河	黄鸭河	降水量	24	24	(2)	✓	24	自记		省	雨雪		✓	✓		✓	✓
基本雨量	62041700	李家庄	唐白河	狮子河	降水量		24	(2)	✓	24	自记		省	汛期	✓		✓		✓	✓
基本雨量	62041800	羊马坪	唐白河	古路河	降水量	24	24	(1)	✓	24	自记		省	雨雪		✓	✓		✓	✓
基本雨量	62041900	二道河	唐白河	回龙沟	降水量		24	(2)	✓	24	自记		省	汛期	✓		✓		✓	✓
基本雨量	62042000	李青店	唐白河	黄鸭河	降水量	2	24	(1)	✓	24	自记		省	雨雪		✓	✓	✓		✓
基本雨量	62042800	斗球	唐白河	大沟河	降水量	24	24	(2)	✓	24	自记		省	雨雪		✓	✓		✓	✓
基本雨量	62042900	上官庄	唐白河	大沟河	降水量		24	(2)	✓	24	自记		省	汛期	✓		✓		✓	✓

续表 3-11

属站类别	测站编码	站名	水系	河名	观测项目	观测时段 非汛期	观测时段 汛期	降水制表 (1)或(2)	降水制表 日表	摘录段制	自记或标准	水量调查表	报汛部门	备注	逐日降水量表(汛期)	逐日降水量表(常年)	降水量摘录表	各时段最大降水量表(1)	各时段最大降水量表(2)	降水量站说明表
基本雨量	62043000	下石笼	唐白河	留山河	降水量		24	(2)	√	24	自记		省	汛期	√		√		√	√
基本雨量	62043300	留山	唐白河	留山河	降水量	24	24	(1)	√	24	自记		省	雨雪		√	√	√		√
基本雨量	62043600	郭庄	唐白河	黄后河	降水量		24	(2)	√	24	自记		省	汛期	√		√		√	√
基本雨量	62043700	云阳	唐白河	鸭河	降水量	24	24	(2)	√	24	自记		省	雨雪		√	√		√	√
基本雨量	62043800	杨丙庄	唐白河	鸡河	降水量		24	(2)	√	24	自记		省	汛期	√		√		√	√
基本雨量	62043900	建坪	唐白河	空山河	降水量	24	24	(2)	√	24	自记		省	雨雪		√	√		√	√
基本雨量	62044000	小店	唐白河	川店河	降水量		24	(2)	√	24	自记		省	汛期	√		√		√	√
基本雨量	62044100	口子河	唐白河	鸭河	降水量	2	24	(1)	√	24	自记		省			√	√	√		√
基本雨量	62051800	赵庄	唐白河	大冲河	降水量		24	(2)	√	24	自记		省	汛期	√		√		√	√
基本雨量	62042100	苗庄	唐白河	白河	降水量		24	(2)	√	24	自记		省	汛期	√		√		√	√
基本雨量	62042400	廖庄	唐白河	排路河	降水量	24	24	(2)	√	24	自记		省	雨雪		√	√		√	√
基本雨量	62042500	四棵树	唐白河	关庄河	降水量		24	(2)	√	24	自记		省	汛期	√		√		√	√
基本雨量	62042600	南河店	唐白河	排路河	降水量		24	(2)	√	24	自记		省	汛期	√		√		√	√
基本雨量	62042700	下店	唐白河	白河	降水量		24	(2)	√	24	自记		省	汛期	√		√		√	√
基本雨量	62044200	小庄	唐白河	鸭河	降水量	24	24	(2)	√	24	自记		省	雨雪		√	√		√	√
基本雨量	62044600	石门	唐白河	柳扒河	降水量	24	24	(2)	√	24	自记		省	雨雪		√	√		√	√
基本雨量	62044800	小周庄	唐白河	博望河	降水量	24	24	(2)	√	24	自记		省	雨雪		√	√		√	√
基本雨量	62044300	鸭河口	唐白河	白河	降水量	2	24	(1)	√	24	自记		省			√	√	√		√

南召水文局雨量站观测时间及报汛情况一览表见表3-12。

表3-12 南召水文局雨量站观测时间及报汛情况一览表

站类	测站编码	站名	观测时间（月-日）	是否报汛	拍报任务 拍报起止（月-日）	拍报段次	备注
基本雨量站	62040500	白河	01-01 ~ 12-31	是	01-01 ~ 12-31	10 min 有雨即报	雨雪
	62040600	竹园	05-01 ~ 09-30	是	05-01 ~ 09-30	10 min 有雨即报	雨雪
	62040700	乔端	01-01 ~ 12-31	是	01-01 ~ 12-31	10 min 有雨即报	雨雪
	62040800	玉藏	05-01 ~ 09-30	是	05-01 ~ 09-30	10 min 有雨即报	雨雪
	62040900	小街	01-01 ~ 12-31	是	01-01 ~ 12-31	10 min 有雨即报	雨雪
	62041000	钟店	01-01 ~ 12-31	是	01-01 ~ 12-31	10 min 有雨即报	雨雪
	62041200	余坪	05-01 ~ 09-30	是	05-01 ~ 09-30	10 min 有雨即报	雨雪
	62041300	白土岗	01-01 ~ 12-31	是	01-01 ~ 12-31	10 min 有雨即报	
	62042200	花子岭	05-01 ~ 09-30	是	05-01 ~ 09-30	10 min 有雨即报	雨雪
	62041400	焦园	01-01 ~ 12-31	是	01-01 ~ 12-31	10 min 有雨即报	雨雪
	62041500	马市坪	01-01 ~ 12-31	是	01-01 ~ 12-31	10 min 有雨即报	雨雪
	62041600	菜园	01-01 ~ 12-31	是	01-01 ~ 12-31	10 min 有雨即报	雨雪
	62041700	李家庄	05-01 ~ 09-30	是	05-01 ~ 09-30	10 min 有雨即报	雨雪
	62041800	羊马坪	01-01 ~ 12-31	是	01-01 ~ 12-31	10 min 有雨即报	雨雪
	62041900	二道河	05-01 ~ 09-30	是	05-01 ~ 09-30	10 min 有雨即报	雨雪
	62042000	李青店	01-01 ~ 12-31	是	01-01 ~ 12-31	10 min 有雨即报	
	62042800	斗垛	01-01 ~ 12-31	是	01-01 ~ 12-31	10 min 有雨即报	雨雪
	62042900	上官庄	05-01 ~ 09-30	是	05-01 ~ 09-30	10 min 有雨即报	雨雪
	62043000	下石笼	05-01 ~ 09-30	是	05-01 ~ 09-30	10 min 有雨即报	雨雪
	62043300	留山	01-01 ~ 12-31	是	01-01 ~ 12-31	10 min 有雨即报	雨雪
	62043600	郭庄	05-01 ~ 09-30	是	05-01 ~ 09-30	10 min 有雨即报	雨雪
	62043700	云阳	01-01 ~ 12-31	是	01-01 ~ 12-31	10 min 有雨即报	雨雪
	62043800	杨西庄	05-01 ~ 09-30	是	05-01 ~ 09-30	10 min 有雨即报	雨雪
	62043900	建坪	01-01 ~ 12-31	是	01-01 ~ 12-31	10 min 有雨即报	雨雪
	62044000	小店	05-01 ~ 09-30	是	05-01 ~ 09-30	10 min 有雨即报	雨雪
	62044100	口子河	01-01 ~ 12-31	是	01-01 ~ 12-31	10 min 有雨即报	
	62051800	赵庄	05-01 ~ 09-30	是	05-01 ~ 09-30	10 min 有雨即报	雨雪
	62042100	苗庄	05-01 ~ 09-30	是	05-01 ~ 09-30	10 min 有雨即报	雨雪
	62042400	廖庄	01-01 ~ 12-31	是	01-01 ~ 12-31	10 min 有雨即报	雨雪
	62042500	四棵树	05-01 ~ 09-30	是	05-01 ~ 09-30	10 min 有雨即报	雨雪
	62042600	南河店	05-01 ~ 09-30	是	05-01 ~ 09-30	10 min 有雨即报	雨雪

续表 3-12

站类	测站编码	站名	观测时间 （月-日）	是否 报汛	拍报任务		备注
					拍报起止(月-日)	拍报段次	
基本 雨量站	62042700	下店	05-01～09-30	是	05-01～09-30	10 min 有雨即报	雨雪
	62044200	小庄	05-01～09-30	是	05-01～09-30	10 min 有雨即报	雨雪
	62044600	石门	01-01～12-31	是	01-01～12-31	10 min 有雨即报	雨雪
	62044800	小周庄	01-01～12-31	是	01-01～12-31	10 min 有雨即报	雨雪
	62044300	鸭河口	01-01～12-31	是	01-01～12-31	10 min 有雨即报	
遥测 雨量站	39 个遥测站		03-15～11-01	是	03-15～11-01	10 min 有雨即报	

注：严格按当年的《水情报汛任务书》执行。

3.3.3.2　基本雨量站指导要求

（1）保证所属站的观测资料完整、可靠，报汛准确及时。

（2）负责所属站的资料校核、合理性检查和在站整编工作。

（3）对所属站的业务技术辅导必须固定专人负责，辅导员要熟悉所属站的业务，能独立指导工作，每年对所属站至少检查、辅导 2 次，其中 1 次须在汛前进行，对问题较多的站要定时检查指导，发现问题及时解决。

3.3.3.3　遥测雨量站管理维护任务

（1）每年 3 月应完成辖区内遥测系统检修维护任务，使系统的畅通率和准确率达标，确保系统以良好状态投入当年的运行，检修维护结束后要将检修维护工作报告上报归口地市分中心。

（2）每月 3 日前要按《河南省防汛抗旱雨水情遥测系统管理维护办法》附件二的要求填写本测区内遥测系统项目维护情况上报分中心。

（3）一般故障要在 24 h 以内进行维修，并做好维修记录；遥测站遭到人为毁坏或因工程建设等暂时无法使用遥测设备时，其设备应妥善保管，并在 10 d 以内通过迁移或改建，尽快恢复其功能。

3.3.4　南召水文局生态流量站

每周一上报 1 次监测断面周平均流量，建立相关水位—流量关系线。

3.3.5　南召水文局墒情站

（1）测点布设：垂向测点布设用三点法，即 10 cm、20 cm、40 cm。

（2）遇有特殊旱情，根据需要随时加测。

（3）严格按当年的《水情报汛任务书》执行。

（4）按要求及时做好人工对比观测工作。

3.3.6　南召水文局水质站

按照每年河南省水文水资源局下达的《××××年度河南省地表水功能区水质监测

实施方案》,完成采送样任务。

3.4 内乡水文局

3.4.1 内乡水文局国家基本水文站、水位站

内乡水文局管辖内乡水文站共计 1 个水文站和后会水位站共 1 个水位站,要合理安排驻站职守人员,严格执行测站任务书各项要求。

3.4.1.1 水位观测段次要求

内乡水文局国家基本水文站、水位站水位观测段次要求见表 3-13。

表 3-13　内乡水文局国家基本水文站、水位站水位观测段次要求

段次要求	二段	四段	八段	备注
日变化(m)	<0.12	0.12~0.24	>0.24	峰顶附近或水位转折变化处加密观测
水位级(m)				

水位平稳时每日 8 时观测 1 次,洪水期或遇水情突变时必须加测,以测得完整水位变化过程为原则。每日 8 时校测自记水位记录,洪水期适当增加校测次数。定期检测各类水位计,保证正常运行;按有关要求定期取、存数据。

3.4.1.2 流量测验要求

流量测验应控制流量变化过程、满足推算逐日平均流量和各项特征值的要求,根据高、中、低各级水位情况,合理地分布于各级水位和水情变化过程的转折点处。河床稳定,控制良好,满足水位—流量关系稳定的站每年测次不少于 15 次;受冲淤、洪水涨落或水生植物等影响的,在平水期,根据水情变化或植物生长情况每 3~5 d 测流 1 次,洪水期每个较大洪水过程,测流不少于 5 次,如峰形变化复杂或洪水过程持久,应适当增加测次,根据本站发生洪水级别合理科学地选择恰当的测洪方案(见附表河南省南阳水文水资源勘测局水文站测洪方案一览表)进行测洪;受变动回水或混合影响的,其测流次数根据变动回水和混合影响程度而增加,以能测得流量的变化过程为度。

每次测流同时观测记录水位、天气、风向、风力及影响水位—流量关系变化的有关情况。在高、中水测流时同时观测比降。

3.4.1.3 降水、蒸发

(1)标准雨量器:每日 8 时定时观测 1 次,1~4 月按 2 段观测,10~12 月按 2 段观测,暴雨时适当加测。观测初终霜。

(2)虹吸式自记雨量:每日 8 时定时观测 1 次,降水之日 20 时检查 1 次,暴雨时适当增加检查次数。5~9 月按 24 段摘录。

(3)蒸发:每日 8 时定时观测 1 次,蒸发量异常时需说明原因。

3.4.1.4 水准测量

1.水准点高程测量

逢 5 逢 0 年份必须对基本水准点进行复测,校核水准点每年校测 1 次,如发现有变动

或可疑变动,应及时复测并查明原因。

2. 水尺、大断面测量

每年汛期前后各校测 1 次,在水尺发生变动或有可疑变动时,应随时校测。新设水尺应随测随校;每年汛前施测大断面,汛后施测过水断面,在每次洪水后应予加测。较大洪水时采用比降面积法或浮标法测流后,必须加测。固化河槽在逢 5 逢 0 年份施测 1 次。

3.4.1.5 水文调查

水文调查包括断面以上(区间)流域基本情况调查、水量调查、暴雨和洪水调查及专项水文调查,并编写调查报告。

3.4.1.6 报汛任务

严格执行《水情信息编码》(SL 330—2011)、《水情报汛任务书》和拟校报制度,做到"四随"(随测算、随发报、随整理、随分析)和"四不"(不错报、不迟报、不缺报、不漏报)。

(1)降水:汛期采用 RTU 自动拍报并人工校核,实行 10 min 拍报 1 次。

(2)水情:依据实测点修正报汛曲线,并参考历年水位—流量关系线报汛,按段制要求在 10 min 内报至南阳水文水资源勘测局水情科。一级起报以下 1 段制,以上采用 4 ~ 12 段制;达到二级加报标准,涨水 12 段制,落水 4 ~ 12 段制;二级加报标准以上,达到三级加报标准拍报时,涨水按 24 段次拍报水情,落水按 12 ~ 24 段次拍报水情,同时加报洪峰过程。实测流量,随测随报,洪峰发现即发。

3.4.2 内乡水文局中小河流巡测站、水位站

3.4.2.1 设站目的

为加强水文测站站网及基础设施建设,完善市水文巡测基地和应急监测能力,密切监控河流汛情,提高水文监测能力和预报精度而设立的专用站。

3.4.2.2 测站基础设施/设备情况

内乡水文局中小河流巡测站、水位站测站基础设施/设备情况见表 3-14。

表 3-14 内乡水文局中小河流巡测站、水位站测站基础设施/设备情况

站类		巡测站			水位站
站名		袁寨	龙头	默河	后会
建站时间(年-月)		2014-07	2014-07	2014-07	2014-07
测站编码		62014750	62014800	62014850	62046500
自记井设施	位置	基本水尺断面	基本水尺断面	基本水尺断面	基本水尺断面
	类型	岛式	岛式	岛式	岛式
	井深(m)	7.5	9.5	9.5	7.0
	最高水位(m)	178.0	161.92	160.39	245.8
	最低水位(m)	170.5	152.42	150.89	238.8
水文监测仪器设备	遥测雨量计	JD – 05	JD – 05	JD – 05	JD – 05
	遥测水位计	WFX – 40 型	WFX – 40 型	WFX – 40 型	WFX – 40 型
	测控终端	WATER – 2000C	WATER – 2000C	WATER – 2000C	WATER – 2000C

续表 3-14

站类		巡测站			水位站
站名		袁寨	龙头	默河	后会
建站时间(年-月)		2014-07	2014-07	2014-07	2014-07
测站编码		62014750	62014800	62014850	62046500
水准点	编号1	(南)128	(南)129-1	(南)130	(南)698
	高程(m)	172.88	163.241	159.439	248.020
	类别/基面	基本/85基准	基本/85基准	基本/85基准	基本/85基准
	位置	左岸	左岸	右岸	
	编号2	(南)129	(南)134	(南)13001	(南)699
	高程(m)	176.919	156.843	154.580	243.757
	类别/基面	基本/85基准	基本/85基准	基本/85基准	基本/85基准
	位置	左岸	左岸	右岸	
	编号3	(南)135	(南)136		(南)700
	高程(m)	173.953	160.693		261.240
	类别/基面	基本/85基准	基本/85基准		基本/85基准
	位置	右岸	右岸		
备注					

3.4.2.3　测报要求

1. 大断面测量

测流断面,每年汛前、汛后各测1次。年度未发生洪水时或断面硬化固定的可减少测次。

2. 水准点、水尺零点高程的校测

基本水准点逢5逢0年份必须校测。校核点、水准点、水尺零点高程每年汛前必须检查和校测,发现有变动迹象时随时校测。

3. 水位观测要求

汛前水尺测量时及每月上、中、下旬必须对水尺加读数和自记进行比测,确保自记水位的正确性;根据各巡测站的水位自记记录,计算水位变化幅度,进行相应的段次摘录,以满足控制和反映完整的洪水变化过程为目的,年、月最高最低水位极值必须摘录。

4. 流量观测要求

巡测站流量测次要求,发生一般洪水,每站每年实测流量6次以上并分布于高、中、低水,当发生较大洪水以上时应相应增加高水流量测次。次年2月前完成水位—流量关系线修订,并提交年度测区水文巡测报告,巡测报告内容包括测区巡测站基本情况、年度雨水情况、设备维护管理情况、水毁及修复情况、巡测工作开展情况、巡测成果及分析、效益评价、大事记、意见和建议。

5. 水情拍报要求

严格按当年的《水情报汛任务书》执行。

3.4.3　内乡水文局基本雨量站、遥测雨量站

3.4.3.1　内乡水文局基本雨量站观测时间及拍报任务

内乡水文局基本雨量站观测要求及整编成果一览表见表3-15。

表3-15　内乡水文局基本雨量站观测要求及整编成果一览表

属站类别	测站编码	站名	水系	河名	观测项目	观测时段 非汛期	观测时段 汛期	降水制表 (1)或(2)	降水制表 日表	摘录段制	自记或标准	水量调查表	报汛部门	备注	逐日降水量表(汛期)	逐日降水量表(常年)	降水量摘录表	各时段最大降水量表(1)	各时段最大降水量表(2)	降水量站说明表
基本雨量	62037900	庙岗	丹江	普士河	降水量	24	24	(2)	√	24	自记		省	雨雪		√	√		√	√
基本雨量	62045700	葛条爬	唐白河	湍河	降水量	24	24	(2)	√	24	自记		省	雨雪		√	√		√	√
基本雨量	62045900	大龙	唐白河	湍河	降水量	24	24	(2)	√	24	自记		省	雨雪		√	√		√	√
基本雨量	62046000	板厂	唐白河	王道河	降水量		24	(2)	√	24	自记		省	汛期	√		√		√	√
基本雨量	62046100	雁岭街	唐白河	雁岭河	降水量		24	(2)	√	24	自记		省	汛期	√		√		√	√
基本雨量	62046200	大栗坪	唐白河	栗坪河	降水量	24	24	(2)	√	24	自记		省	雨雪		√	√		√	√
基本雨量	62046300	青杠树	唐白河	黄龙河	降水量		24	(2)	√	24	自记		省	汛期	√		√		√	√
基本雨量	62046500	后会	唐白河	湍河	降水量	24	24	(2)	√	24	自记		省	雨雪		√	√		√	√
基本雨量	62046600	赤眉	唐白河	湍河	降水量	24	24	(2)	√	24	自记		省	雨雪		√	√		√	√
基本雨量	62047000	内乡	唐白河	湍河	降水量	2	24	(1)	√	24	自记		省			√	√	√		√
基本雨量	62047100	黄营	唐白河	黄水河	降水量		24	(2)	√	24	自记		省	汛期	√		√		√	√
基本雨量	62047200	马山口	唐白河	默河	降水量	24	24	(2)	√	24	自记		省	雨雪		√	√		√	√
基本雨量	62047300	王店	唐白河	默河	降水量		24	(2)	√	24	自记		省	汛期	√		√		√	√
基本雨量	62050600	咋蚰	唐白河	刁河	降水量		24	(2)	√	24	自记		省	汛期	√		√		√	√
基本雨量	62050800	苇集	唐白河	刁河	降水量	24	24	(2)	√	24	自记		省	雨雪		√	√		√	√

内乡测区雨量站观测时间及报汛情况一览表见表 3-16。

表 3-16　内乡测区雨量站观测时间及报汛情况一览表

站类	测站编码	站名	观测时间（月-日）	是否报汛	拍报任务		备注
					拍报起止(月-日)	拍报段次	
基本雨量站	62037900	庙岗	01-01 ~ 12-31	是	01-01 ~ 12-31	10 min 有雨即报	雨雪
	62045700	葛条爬	01-01 ~ 12-31	是	01-01 ~ 12-31	10 min 有雨即报	雨雪
	62045900	大龙	01-01 ~ 12-31	是	01-01 ~ 12-31	10 min 有雨即报	雨雪
	62046000	板厂	05-01 ~ 10-01	是	05-01 ~ 10-01	10 min 有雨即报	汛期
	62046100	雁岭街	05-01 ~ 10-01	是	05-01 ~ 10-01	10 min 有雨即报	汛期
	62046200	大栗坪	01-01 ~ 12-31	是	01-01 ~ 12-31	10 min 有雨即报	雨雪
	62046300	青杠树	05-01 ~ 10-01	是	05-01 ~ 10-01	10 min 有雨即报	汛期
	62046600	赤眉	01-01 ~ 12-31	是	01-01 ~ 12-31	10 min 有雨即报	雨雪
	62047100	黄营	05-01 ~ 10-01	是	05-01 ~ 10-01	10 min 有雨即报	汛期
	62047200	马山口	01-01 ~ 12-31	是	01-01 ~ 12-31	10 min 有雨即报	雨雪
	62047300	王店	05-01 ~ 10-01	是	05-01 ~ 10-01	10 min 有雨即报	汛期
	62050600	岞蟱	05-01 ~ 10-01	是	05-01 ~ 10-01	10 min 有雨即报	汛期
	62050800	苇集	01-01 ~ 12-31	是	01-01 ~ 12-31	10 min 有雨即报	雨雪
遥测雨量站	29 个遥测站		03-15 ~ 11-01	是	03-15 ~ 11-01	10 min 有雨即报	

注:严格按当年的《水情报汛任务书》执行。

3.4.3.2　基本雨量站指导要求

（1）保证所属站的观测资料完整、可靠,报汛准确及时。

（2）负责所属站的资料校核、合理性检查和在站整编工作。

（3）对所属站的业务技术辅导必须固定专人负责,辅导员要熟悉所属站的业务,能独立指导工作,每年对所属站至少检查、辅导 2 次,其中 1 次须在汛前进行,对问题较多的站要定时检查指导,发现问题及时解决。

3.4.3.3　遥测雨量站管理维护任务

（1）每年 3 月应完成辖区内遥测系统检修维护任务,使系统的畅通率和准确率达标,确保系统以良好状态投入当年的运行,检修维护结束后要将检修维护工作报告上报归口地市分中心。

（2）每月 3 日前要按《河南省防汛抗旱雨水情遥测系统管理维护办法》附件二的要求填写本测区内遥测系统项目维护情况上报分中心。

（3）一般故障要在 24 h 以内进行维修,并做好维修记录;遥测站遭到人为毁坏或因工程建设等暂时无法使用遥测设备时,其设备应妥善保管,并在 10 d 以内通过迁移或改建,尽快恢复其功能。

3.4.4　内乡水文局生态流量站

每周一上报 1 次监测断面周平均流量,建立相关水位—流量关系线。

3.4.5　内乡水文局墒情站

（1）测点布设:垂向测点布设用三点法,即 10 cm、20 cm、40 cm。

（2）遇有特殊旱情,根据需要随时加测。

（3）严格按当年的《水情报汛任务书》执行。

（4）按要求及时做好人工对比观测工作。

3.4.6 内乡水文局水质站

按照每年省局下达的《××××年度河南省地表水功能区水质监测实施方案》，完成采送样任务。

3.5 邓州水文局

3.5.1 邓州水文局国家基本水文站、水位站

邓州水文局管辖邓州水文站、白牛水文站、半店（二）水文站共计3个水文站，要合理安排驻站职守人员，严格执行测站任务书各项要求。

3.5.1.1 水位观测段次要求

邓州水文局国家基本水文站、水位站水位观测段次要求见表3-17。

表3-17 邓州水文局国家基本水文站、水位站水位观测段次要求

段次要求	二段	四段	八段	备注
日变化（m）	<0.12	0.12~0.24	>0.24	峰顶附近或水位转折变化处加密观测
水位级（m）				

水位平稳时每日8时观测1次，洪水期或遇水情突变时必须加测，以测得完整水位变化过程为原则。每日8时校测自记水位记录，洪水期适当增加校测次数。定期检测各类水位计，保证正常运行；按有关要求定期取存数据。

3.5.1.2 流量测验要求

流量测验应控制流量变化过程、满足推算逐日平均流量和各项特征值的要求，根据高、中、低各级水位情况，合理地分布于各级水位和水情变化过程的转折点处。河床稳定，控制良好，满足水位—流量关系稳定的站每年测次不少于15次；受冲淤、洪水涨落或水生植物等影响的，在平水期，根据水情变化或植物生长情况每3~5 d测流1次，洪水期每个较大洪水过程，测流不少于5次，如峰形变化复杂或洪水过程持久，应适当增加测次，根据本站发生洪水级别合理科学地选择恰当的测洪方案（见附表河南省南阳水文水资源勘测局水文站测洪方案一览表）进行测洪；受变动回水或混合影响的，其测流次数根据变动回水和混合影响程度而增加，以能测得流量的变化过程为度。

每次测流同时观测记录水位、天气、风向、风力及影响水位—流量关系变化的有关情况。在高、中水测流时同时观测比降。

3.5.1.3 含沙量

1. 单样含沙量

以控制含沙量转折变化和建立单断沙关系为原则。含沙量变化很小时，可每4~10 d取样1次。每次较大洪峰过程，一般不少于4~8次。洪峰重叠或水、沙峰不一致，含沙量变化剧烈时，应增加测次。如河水清澈，可改为目测，含沙量按0处理。

2.输沙率

根据测站级别每年输沙率测验不少于 10~20 次,测次分布应能控制流量和含沙量的主要转折变化,原则上每次较大洪峰不少于 5 次。

3.5.1.4　降水、蒸发

(1)标准雨量器:每日 8 时定时观测 1 次,1~4 月按 2 段观测,10~12 月按 2 段观测,暴雨时适当加测。观测初终霜。

(2)虹吸式自记雨量:每日 8 时定时观测 1 次,降水之日 20 时检查 1 次,暴雨时适当增加检查次数。5~9 月按 24 段摘录。

(3)蒸发:每日 8 时定时观测 1 次,蒸发量异常时需说明原因。

3.5.1.5　水准测量

1.水准点高程测量

逢 5 逢 0 年份必须对基本水准点进行复测,校核水准点每年校测 1 次,如发现有变动或可疑变动,应及时复测并查明原因。

2.水尺、大断面测量

每年汛期前后各校测 1 次,在水尺发生变动或有可疑变动时,应随时校测。新设水尺应随测随校;每年汛前施测大断面,汛后施测过水断面,在每次洪水后应予加测。较大洪水采用比降面积法或浮标法测流后,必须加测。固化河槽在逢 5 逢 0 年份施测 1 次。

3.5.1.6　水温

水温每日 8 时观测。冬季稳定封冻期,所测水温连续 3~5 日皆在 0.2 ℃以下时,即可停止观测。当水面有融化迹象时,应立即恢复观测。无较长稳定封冻期不应中断观测。

3.5.1.7　水文调查

水文调查包括断面以上(区间)流域基本情况调查、水量调查、暴雨和洪水调查及专项水文调查,并编写调查报告。

3.5.1.8　报汛任务

严格执行《水情信息编码》(SL 330—2011)、《水情报汛任务书》和拟校报制度,做到"四随"(随测算、随发报、随整理、随分析)和"四不"(不错报、不迟报、不缺报、不漏报)。

降水:汛期采用 RTU 自动拍报并人工校核,实行 10 min 拍报 1 次。

水情:依据实测点修正报汛曲线,并参考历年水位—流量关系线报汛,按段制要求在 10 min 内报至南阳水文局水情科。一级起报以下 1 段制,以上采用 4~12 段制;达到二级加报标准,涨水 12 段制,落水 4~12 段制;二级加报标准以上,达到三级加报标准拍报时,涨水按 24 段次拍报水情,落水按 12~24 段次拍报水情,同时加报洪峰过程。实测流量,随测随报,洪峰发现即发。

3.5.2　邓州水文局中小河流巡测站、水位站

3.5.2.1　设站目的

为加强水文测站站网及基础设施建设,完善市水文巡测基地和应急监测能力,密切监控河流汛情,提高水文监测能力和预报精度而设立。

3.5.2.2　测站基础设施/设备情况

邓州水文局测站基本设施/设备情况见表 3-18。

表 3-18　邓州水文局测站基本设施/设备情况

站类			巡测站												水位站
站名			林扒	樊集	棉花庄	沙堰	邓州	庙沟	高刘	穰东	蒋郭	上庄	刁河店	五星	刘山
建站时间			2014-07	2014-07	2014-07	2014-07	2014-07	2014-07	2014-07	2014-07	2014-07	2014-07	2014-07	2014-07	2014-07
测站编码			61915150	62011500	62013650	62013700	62014400	62014900	62014920	62015050	62015090	62015250	62015800	62015900	61915100
自记井设施	位置		基本水尺断面	基本水尺断面	基本水尺断面	基本水尺断面	基本水尺断面	基本水尺断面	基本水尺断面	基本水尺断面	基本水尺断面	基本水尺断面		基本水尺断面	基本水尺断面
	类型		岛式	岛式	岛式	岛式	岛式	岛式	岛式	岛式	岛式	岛式		岛式	翻斗式
	井深(m)		10	10.8	10.2	6.5	10.5	9	8	8	10	7		7.5	8.5
	最高水位(m)		127.3	93.94	99.99	94.59	113.36	124.8	134.12	117.9	130.33	96.95		80.37	170.3
	最低水位(m)		117.3	83.14	89.79	88.09	102.86	115.8	126.12	109.9	120.33	89.95		72.87	163.3
水文监测仪器设备	遥测雨量计		JD-05	JD-05	JD-05	JD-05	JD-05	JD-05	JD-05	JD-05	JD-05	JD-05	JD-05	JD-05	JD-05
	遥测水位计		WFX-40型	WFX-40型	WFX-40型	WFX-40型	WFX-40型	WFX-40型	WFX-40型	WFX-40型	WFX-40型	WFX-40型	WFX-40型	WFX-40型	WFX-40型
	测控终端		WATER-2000C	WATER-2000C	WATER-2000C	WATER-2000C	WATER-2000C	WATER-2000C	WATER-2000C	WATER-2000C	WATER-2000C	WATER-2000C	WATER-2000C	WATER-2000C	WATER-2000C

续表 3-18

站类	站名	建站时间	测站编码	编号1	高程(m)	类别/基面	位置	编号2	高程(m)	类别/基面	位置	编号3	高程(m)	类别/基面	位置	备注
巡测站	林扒	2014-07	61915150	(南)101	125.696	基本/85 基准	左岸	(南)102	138.058	基本/85 基准	右岸	(南)103	122.908	基本/85 基准	左岸	
巡测站	樊集	2014-07	62011500	(南)063	96.029	基本/85 基准	左岸	(南)064	94.983	基本/85 基准	左岸	(南)065	94.745	基本/85 基准	左岸	
巡测站	棉花庄	2014-07	62013650	(南)066	98.93	基本/85 基准	左岸	(南)067	97.799	基本/85 基准	左岸	(南)068	99.002	基本/85 基准	左岸	
巡测站	沙堰	2014-07	62013700	(南)075	91.974	基本/85 基准	左岸	(南)076	92.988	基本/85 基准	左岸	(南)077	92.527	基本/85 基准	左岸	
巡测站	邓州	2014-07	62014400	(南)090	115.91	基本/85 基准	右岸	(南)091	112.004	基本/85 基准	右岸	(南)092	115.057	基本/85 基准	右岸	
巡测站	庙沟	2014-07	62014900	(南)104	123.897	基本/85 基准	左岸	(南)105	123.436	基本/85 基准	左岸	(南)106	123.673	基本/85 基准	左岸	
巡测站	高刘	2014-07	62014920	(南)107	133.031	基本/85 基准	右岸	(南)108	130.895	基本/85 基准	右岸	(南)109	131.816	基本/85 基准	右岸	
巡测站	穰东	2014-07	62015050	(南)095	115.195	基本/85 基准	右岸	(南)096	116.704	基本/85 基准	右岸	(南)097	117.603	基本/85 基准	右岸	
巡测站	蒋郭	2014-07	62015090	(南)098	128.321	基本/85 基准	左岸	(南)099	127.336	基本/85 基准	右岸	(南)100	125.179	基本/85 基准	左岸	
巡测站	上庄	2014-07	62015250	(南)069	93.717	基本/85 基准	左岸	(南)071	93.932	基本/85 基准	左岸			基本/85 基准		
巡测站	刁河店	2014-07	62015800	(南)093	112.351	基本/85 基准	右岸	(南)094	112.924	基本/85 基准	左岸	平台	107.235	基本/85 基准		
巡测站	五星	2014-07	62015900	(南)072	78.493	基本/85 基准	左岸	(南)073	78.338	基本/85 基准	右岸	(南)074	79	基本/85 基准	左岸	
水位站	刘山	2014-07	61915100	(南)713	166.425	基本/85 基准		(南)714	166.334	基本/85 基准		(南)715	170.774	基本/85 基准		

3.5.2.3　测报要求

1. 大断面测量

测流断面,每年汛前、汛后各测 1 次。年度未发生洪水时或断面硬化固定的可减少测次。

2. 水准点、水尺零点高程的校测

基本水准点逢 0 逢 5 年份必须校测。校核点、水准点、水尺零点高程每年汛前必须检查和校测,发现有变动迹象时随时校测。

3. 水位观测要求

汛前水尺测量时及每月上、中、下旬必须对水尺加读数和自记进行比测,确保自记水位的正确性;根据各巡测站的水位自记记录,计算水位变化幅度,进行相应的段次摘录,以满足控制和反映完整的洪水变化过程为目的,年、月最高最低水位极值必须摘录。

4. 流量观测要求

巡测站流量测次要求,发生一般洪水,每站每年实测流量 6 次以上并分布于高、中、低水,当发生较大洪水以上时应相应增加高水流量测次。次年 2 月前完成水位—流量关系线修订,并提交年度测区水文巡测报告,测区巡测报告内容包括测区巡测站基本情况、年度雨水情况、设备维护管理情况、水毁及修复情况、巡测工作开展情况、巡测成果及分析、效益评价、大事记、意见和建议。

5. 水情拍报要求

严格按当年的《水情报汛任务书》执行。

3.5.3　邓州水文局基本雨量站、遥测雨量站

3.5.3.1　邓州水文局雨量站观测时间及报汛情况

邓州水文局基本雨量站观测要求及整编成果一览表见表 3-19。

表 3-19 邓州水文局基本雨量站观测要求及整编成果一览表

属站类别	测站编码	站名	水系	河名	观测项目	观测时段 非汛期	观测时段 汛期	降水制表 (1)或(2)	降水制表 日表	摘录段制	自记或标准	水量调查表	报汛部门	备注	整编成果 逐日降水量表(汛期)	逐日降水量表(常年)	降水量摘录表	各时段最大降水量表(1)	各时段最大降水量表(2)	降水量站说明表
基本雨量	62050000	穰东	唐白河	礓石河	降水量	24	24	(2)	√	24	自记		省	雨雪		√	√		√	√
基本雨量	62051200	构林	唐白河	刁河	降水量	24	24	(2)	√	24	自记		省	雨雪		√	√		√	√
基本雨量	62049100	大王集	唐白河	严陵河	降水量	24	24	(2)	√	24	自记		省	雨雪		√	√		√	√
基本雨量	61949100	林扒	汉江	排子河	降水量	24	24	(2)	√	24	自记		省	雨雪		√	√		√	√
基本雨量	62049300	淴滩	唐白河	湍河	降水量	2	24	(1)	√	24	自记		省			√	√		√	√
基本雨量	62047500	张村	唐白河	湍河	降水量	24	24	(2)	√	24	自记		省	雨雪		√	√	√		√
基本雨量	62047600	邓县	唐白河	湍河	降水量	24	24	(2)	√	24	自记		省	雨雪		√	√		√	√
基本雨量	62050400	沙堰	唐白河	白河	降水量		24	(2)	√	24	自记		省	汛期	√		√		√	√
基本雨量	62050500	新野	唐白河	白河	降水量	24	24	(2)	√	24	自记		省	雨雪		√	√		√	√
基本雨量	62049200	白牛	唐白河	严陵河	降水量	1	24	(2)	√	24	自记		省			√	√		√	√
基本雨量	62051000	半店	唐白河	刁河	降水量	2	24	(1)	√	24	自记		省			√	√	√		√
基本雨量	61948900	邹楼	汉江中游	排子河	降水量	24	24	(2)	√	24	自记		省	雨雪		√	√		√	√

邓州县水文局(水文测报中心)基本雨量站观测时间及报汛情况一览表见表3-20。

表3-20　邓州县水文局(水文测报中心)基本雨量站观测时间及报汛情况一览表

站类	测站编码	站名	观测时间 (月-日)	是否报汛	拍报任务		备注
					拍报起止(月-日)	拍报段次	
基本雨量站	61948900	邹楼	01-01 ~ 12-31	是	01-01 ~ 12-31	10 min 有雨即报	雨雪
	61949100	林扒	01-01 ~ 12-31	是	01-01 ~ 12-31	10 min 有雨即报	雨雪
	62047500	张村	01-01 ~ 12-31	是	01-01 ~ 12-31	10 min 有雨即报	雨雪
	62047600	邓县	01-01 ~ 12-31	是	01-01 ~ 12-31	10 min 有雨即报	雨雪
	62049100	大王集	01-01 ~ 12-31	是	01-01 ~ 12-31	10 min 有雨即报	雨雪
	62050000	穰东	01-01 ~ 12-31	是	01-01 ~ 12-31	10 min 有雨即报	雨雪
	62051200	构林	01-01 ~ 12-31	是	01-01 ~ 12-31	10 min 有雨即报	雨雪
	62050400	沙堰	05-01 ~ 10-01	是	05-01 ~ 10-01	10 min 有雨即报	汛期
	62050500	新野	01-01 ~ 12-31	是	01-01 ~ 12-31	10 min 有雨即报	雨雪
遥测雨量站	11 个遥测站		03-15 ~ 11-01	是	03-15 ~ 11-01	10 min 有雨即报	

注:严格按当年的《水情报汛任务书》执行。

3.5.3.2　基本雨量站指导要求

(1)保证所属站的观测资料完整、可靠,报汛准确及时。

(2)负责所属站的资料校核、合理性检查和在站整编工作。

(3)对所属站的业务技术辅导必须固定专人负责,辅导员要熟悉所属站的业务,能独立指导工作,每年对所属站至少检查、辅导2次,其中1次须在汛前进行,对问题较多的站要定时检查指导,发现问题及时解决。

3.5.3.3　遥测雨量站管理维护任务

(1)每年3月应完成辖区内遥测系统检修维护任务,使系统的畅通率和准确率达标,确保系统以良好状态投入当年的运行,检修维护结束后要将检修维护工作报告上报归口地市分中心。

(2)每月3日前要按《河南省防汛抗旱雨水情遥测系统管理维护办法》附件二的要求填写本测区内遥测系统项目维护情况上报分中心。

(3)一般故障要在24 h以内进行维修,并做好维修记录;遥测站遭到人为毁坏或因工程建设等暂时无法使用遥测设备时,其设备应妥善保管,并在10 d以内通过迁移或改建,尽快恢复其功能。

3.5.4　邓州水文局生态流量站

每周一上报1次监测断面周平均流量,建立相关水位—流量关系线。

3.5.5　邓州水文局墒情站

（1）测点布设：垂向测点布设用三点法，即 10 cm、20 cm、40 cm。

（2）遇有特殊旱情，根据需要随时加测。

（3）严格按当年的《水情报汛任务书》执行。

（4）按要求及时做好人工对比观测工作。

3.5.6　邓州水文局水质站

按照每年河南省水文水资源局下达的《××××年度河南省地表水功能区水质监测实施方案》，完成采送样任务。

3.5.7　邓州水文局地下水站

管理好辖区内地下水位的定期报送和资料整理。

3.6　唐河水文局

3.6.1　唐河水文局国家基本水文站、水位站

唐河水文局管辖唐河(二)水文站、平氏水文站共计 2 个水文站和桐河水位站，要合理安排驻站职守人员，严格执行水文（水位）站任务书规定的各观测项目及观测要求进行。

3.6.1.1　水位观测段次要求

唐河水文局国家基本水文站、水位站水位观测段次要求见表 3-21。

表 3-21　唐河水文局国家基本水文站、水位站水位观测段次要求

段次要求	二段	四段	八段	备注
日变化(m)	<0.12	0.12～0.24	>0.24	峰顶附近或水位转折变化处加密观测
水位级(m)				

水位平稳时每日 8 时观测 1 次，洪水期或遇水情突变时必须加测，以测得完整水位变化过程为原则。每日 8 时校测自记水位记录，洪水期适当增加校测次数。定期检测各类水位计，保证正常运行；按有关要求定期取、存数据。

3.6.1.2　流量测验要求

流量测验应控制流量变化过程、满足推算逐日平均流量和各项特征值的要求，根据高、中、低各级水位情况，合理地分布于各级水位和水情变化过程的转折点处。河床稳定，控制良好，满足水位—流量关系稳定的站每年测次不少于 15 次；受冲淤、洪水涨落或水生植物等影响的，在平水期，根据水情变化或植物生长情况每 3～5 d 测流 1 次，洪水期每个较大洪水过程，测流不少于 5 次，如峰形变化复杂或洪水过程持久，应适当增加测次，根据本站发生洪水级别合理科学地选择恰当的测洪方案（见附表河南省南阳水文水资源勘测

局水文站测洪方案一览表)进行测洪;受变动回水或混合影响的,其测流次数根据变动回水和混合影响程度而增加,以能测得流量的变化过程为度。

每次测流同时观测记录水位、天气、风向、风力及影响水位—流量关系变化的有关情况。在高、中水测流时同时观测比降。

3.6.1.3　含沙量

1. 单样含沙量

以控制含沙量转折变化和建立单断沙关系为原则。含沙量变化很小时,可每4~10 d取样1次。每次较大洪峰过程,一般不少于4~8次。洪峰重叠或水、沙峰不一致,含沙量变化剧烈时,应增加测次。如河水清澈,可改为目测,含沙量按0处理。

2. 输沙率

根据测站级别每年输沙率测验不少于10~20次,测次分布应能控制流量和含沙量的主要转折变化,原则上每次较大洪峰不少于5次。

3.6.1.4　降水、蒸发

(1)标准雨量器:每日8时定时观测1次,1~4月按2段观测,10~12月按2段观测,暴雨时适当加测。观测初终霜。

(2)虹吸式自记雨量:每日8时定时观测1次,降水之日20时检查1次,暴雨时适当增加检查次数。5~9月按24段摘录。

(3)蒸发:每日8时定时观测1次,蒸发量异常时需说明原因。

3.6.1.5　水准测量

1. 水准点高程测量

逢5逢0年份必须对基本水准点进行复测,校核水准点每年校测1次,如发现有变动或可疑变动,应及时复测并查明原因。

2. 水尺、大断面测量

每年汛期前后各校测1次,在水尺发生变动或有可疑变动时,应随时校测。新设水尺应随测随校;每年汛前施测大断面,汛后施测过水断面,在每次洪水后应予加测。较大洪水采用比降面积法或浮标法测流后,必须加测。固化河槽在逢5逢0年份施测1次。

3.6.1.6　水温

水温每日8时观测。冬季稳定封冻期,所测水温连续3~5日皆在0.2 ℃以下时,即可停止观测。当水面有融化迹象时,应立即恢复观测。无较长稳定封冻期不应中断观测。

3.6.1.7　水文调查

水文调查包括断面以上(区间)流域基本情况调查、水量调查、暴雨和洪水调查及专项水文调查,并编写调查报告。

3.6.1.8　报汛任务

严格执行《水情信息编码》(SL 330—2011)、《水情报汛任务书》和拟校报制度,做到"四随"(随测算、随发报、随整理、随分析)和"四不"(不错报、不迟报、不缺报、不漏报)。

(1)降水:汛期采用RTU自动拍报并人工校核,实行10 min拍报1次。

(2)水情:依据实测点修正报汛曲线,并参考历年水位—流量关系线报汛,按段制要求在10 min内报至南阳水文局水情科。一级起报以下1段制,以上采用4~12段制;达到二级加报标准,涨水12段制,落水4~12段制;二级加报标准以上,达到三级加报标准拍报时,涨水按 24 段次拍报水情,落水按 12～24 段次拍报水情,同时加报洪峰过程。实测流量,随测随报,洪峰发现即发。

3.6.2　唐河水文局中小河流水文巡测站、水位站

3.6.2.1　设站目的

为加强水文测站站网及基础设施建设,完善市水文巡测基地和应急监测能力,密切监控河流汛情,提高水文监测能力和预报精度而设立。

3.6.2.2　测站基础设施/设备情况

唐河水文局测站基础设施/设备情况见表 3-22。

表 3-22　唐河水文局测站基础设施/设备情况

站类			巡测站						水位站			
站名			源潭	邢李庄	少拜寺	石步河	昊城	桐柏	赵庄	二郎山	虎山	山头
建站时间（年-月）			2014-12	2014-12	2014-12	2014-12	2014-12	2014-12	2014-12	2014-12	2014-12	2014-12
测站编码			62016100	62017050	62017480	62017750	50200650	50100050	50200600	62018100	62018200	62018300
自记井设施	位置		基本水尺断面左岸	基本水尺断面右岸	基本水尺断面左岸	基本水尺断面左岸	基本水尺断面右岸	基本水尺断面左岸	基本水尺断面	基本水尺断面	基本水尺断面	基本水尺断面
	类型		岸式	岸式	岸式	岸式	岸式	岸式	岛式	岛式	岛式	岛式
	井深（m）		10.1	9.5	9.5	10.5	9.5	12	9		7	10
	最高水位（m）		99.87	121.49	121.91	157.5	134.81	136.26	163		139.5	170.5
	最低水位（m）		89.77	111.99	112.41	145.2	125.31	125.76	154		132.5	160.5
水文监测仪器设备	遥测雨量计		JD-05	JD-05	JD-05	JD-05	JD-05	JD-05	JD-05	JD-05	JD-05	JD-05
	遥测水位计		WFX-40型	WFX-40型	WFX-40型	WFX-40型	WFX-40型	WFX-40型	WFX-40型	WFX-40型	WFX-40型	WFX-40型
	测控终端		WATER-2000C	WATER-2000C	WATER-2000C	WATER-2000C	WATER-2000C	WATER-2000C	WATER-2000C	WATER-2000C	WATER-2000C	WATER-2000C
水准点	编号1		（南）143	（南）140	（南）137		（南）158	（南）161	（南）719	（南）722	（南）725	（南）728
	高程（m）		96.867	121.604	116.924		131.566	136.531	161.611	206.32	140.09	178.016
	类别/基面		基准基面/85	基准基面/85	基准基面/85	基准基面/85	基准基面/85	基准基面/85	基准基面/85	基准基面/85	基准基面/85	基准基面/85
	位置		右岸	右岸	左岸		左岸	左岸	坝上	坝上	坝上	坝上
	编号2		（南）144	（南）141	（南）138		（南）159	（南）162	（南）720	（南）723	（南）726	（南）729
	高程（m）		98.172	118.533	120.093		130.116	133.995	159.909	202.235	139.56	168.484
	类别/基面		基准基面/85	基准基面/85	基准基面/85	基准基面/85	基准基面/85	基准基面/85	基准基面/85	基准基面/85	基准基面/85	基准基面/85
	位置		右岸	左岸	右岸		左岸	左岸	坝上	坝上	坝上	坝上
	编号3		（南）145	（南）142	（南）139		（南）160	（南）163	（南）721	（南）724	（南）727	（南）730
	高程（m）		97.71	121.002	116.108		139.554	137.125	160.003	203.261	143	174.496
	类别/基面		基准基面/85	基准基面/85	基准基面/85	基准基面/85	基准基面/85	基准基面/85	基准基面/85	基准基面/85	基准基面/85	基准基面/85
	位置		右岸	左岸	左岸		左岸	右岸	坝上	坝上	坝上	坝上
备注			冻结基面高程＋0.000 m ＝ 85 基准高程。石步河巡测站因在上游修建石步河水库，已失去巡测站功能，变为水位站。									

3.6.2.3　测报要求

1. 大断面测量

测流断面,每年汛前、汛后各测 1 次。年度未发生洪水时或断面硬化固定的可减少测次。

2. 水准点、水尺零点高程的校测

基本水准点逢 0 逢 5 年份必须校测。校核点、水准点、水尺零点高程每年汛前必须检查和校测,发现有变动迹象时随时校测。

3. 水位观测要求

汛前水尺测量时及每月上、中、下旬必须对水尺加读数和自记进行比测,确保自记水位的正确性;根据各巡测站的水位自记记录,计算水位变化幅度,进行相应的段次摘录,以满足控制和反映完整的洪水变化过程为目的,年、月最高最低水位极值必须摘录。

4. 流量观测要求

巡测站流量测次要求,发生一般洪水,每站每年实测流量 6 次以上并分布于高、中、低水,当发生较大洪水以上时应相应增加高水流量测次。次年 2 月前完成水位—流量关系线修订,并提交年度测区水文巡测报告,巡测报告内容包括测区巡测站基本情况、年度雨水情况、设备维护管理情况、水毁及修复情况、巡测工作开展情况、巡测成果及分析、效益评价、大事记、意见和建议。

5. 水情拍报要求

严格按当年的《水情报汛任务书》执行。

3.6.3　唐河水文局基本雨量站、遥测雨量站

3.6.3.1　雨量站观测时间及报汛情况

唐河水文局基本雨量站观测要求及整编成果一览表见表 2-23。

表 2-23　唐河水文局基本雨量站观测要求及整编成果一览表

属站类别	测站编码	站名	水系	河名	观测项目	观测时段		降水制表		摘录段制	自记或标准	水量调查表	报汛部门	备注	整编成果					
						非汛期	汛期	(1)或(2)	日表						逐日降水量表(汛期)	逐日降水量表(常年)	降水量摘录表	各时段最大降水量表(1)	各时段最大降水量表(2)	降水量站说明表
基本雨量	62052700	半坡	唐白河	唐河	降水量		24	(2)	√	24	自记		省	汛期	√		√		√	√
基本雨量	62054800	少拜寺	唐白河	温凉河	降水量		24	(2)	√	24	自记		省	汛期	√		√		√	√
基本雨量	62054900	大河屯	唐白河	泌阳河	降水量	24	24	(2)	√	24	自记		省	雨雪		√	√		√	√
基本雨量	62055400	唐河	唐白河	唐河	降水量	2	24	(1)	√	24	自记		省			√	√	√		√
基本雨量	62056500	张马店	唐白河	丑河	降水量	24	24	(2)	√	24	自记		省	雨雪		√	√		√	√
基本雨量	62057000	毕店	唐白河	江河	降水量	24	24	(2)	√	24	自记		省	雨雪		√	√		√	√
基本雨量	62057100	祁仪	唐白河	清水河	降水量	24	24	(2)	√	24	自记		省	雨雪		√	√		√	√
基本雨量	62057200	昝岗	唐白河	清水河	降水量	24	24	(2)	√	24	自记		省	雨雪		√	√		√	√
基本雨量	62057600	白秋	唐白河	简河	降水量		24	(2)	√	24	自记		省	汛期	√		√		√	√
基本雨量	62057800	湖阳	唐白河	蓼阳河	降水量	24	24	(2)	√	24	自记		省	雨雪		√	√		√	√
基本雨量	62057900	苍台	唐白河	唐河	降水量	24	24	(2)	√	24	自记		省	雨雪		√	√		√	√
基本雨量	62055500	新城	唐白河	唐河	降水量	24	24	(2)	√	24	自记		省			√	√		√	√
基本雨量	62055700	吴井	唐白河	三夹河	降水量	24	24	(2)	√	24	自记		省	雨雪		√	√		√	√
基本雨量	62056100	鸿仪河	唐白河	三夹河	降水量	24	24	(2)	√	24	自记		省	雨雪		√	√		√	√
基本雨量	62056200	二郎山	唐白河	鸿鸭河	降水量	24	24	(1)	√	24	自记		省	雨雪		√	√	√		√
基本雨量	62056300	平氏	唐白河	三夹河	降水量	2	24	(2)	√	24	自记		省			√	√		√	√
基本雨量	62056900	安棚	唐白河	江河	降水量		24	(2)	√	24	自记		省	汛期	√		√		√	√
基本雨量	62055300	桐河	唐白河	桐河	降水量	24	24	(2)	√	24	自记		省	雨雪		√	√		√	√

唐河水文局雨量站观测时间及报汛情况一览表见表3-24。

表3-24　唐河水文局雨量站观测时间及报汛情况一览表

站类	测站编码	站名	观测时间（月-日）	是否报汛	拍报任务		备注
					拍报起止(月-日)	拍报段次	
基本雨量站	62052700	半坡	05-01～09-30	是	05-01～09-30	10 min 有雨即报	汛期
	62054800	少拜寺	05-01～09-30	是	05-01～09-30	10 min 有雨即报	汛期
	62054900	大河屯	01-01～12-31	是	01-01～12-31	10 min 有雨即报	雨雪
	62055400	唐河	01-01～12-31	是	01-01～12-31	10 min 有雨即报	
	62056500	张马店	01-01～12-31	是	01-01～12-31	10 min 有雨即报	雨雪
	62057000	毕店	01-01～12-31	是	01-01～12-31	10 min 有雨即报	雨雪
	62057100	祁仪	01-01～12-31	是	01-01～12-31	10 min 有雨即报	雨雪
	62057200	昝岗	01-01～12-31	是	01-01～12-31	10 min 有雨即报	雨雪
	62057600	白秋	05-01～09-30	是	05-01～09-30	10 min 有雨即报	汛期
	62057800	湖阳	01-01～12-31	是	01-01～12-31	10 min 有雨即报	雨雪
	62057900	苍台	01-01～12-31	是	01-01～12-31	10 min 有雨即报	雨雪
	62055500	新城	01-01～12-31	是	01-01～12-31	10 min 有雨即报	雨雪
	62055700	吴井	01-01～12-31	是	01-01～12-31	10 min 有雨即报	雨雪
	62056100	鸿仪河	01-01～12-31	是	01-01～12-31	10 min 有雨即报	雨雪
	62056200	二郎山	01-01～12-31	是	01-01～12-31	10 min 有雨即报	雨雪
	62056300	平氏	01-01～12-31	是	01-01～12-31	10 min 有雨即报	
	62056900	安棚	05-01～09-30	是	05-01～09-30	10 min 有雨即报	汛期
	62055300	桐河	05-01～09-30	是	05-01～09-30	10 min 有雨即报	雨雪
遥测雨量站	37 个遥测站		03-15～11-01	是	03-15～11-01	10 min 有雨即报	

注:严格按当年的《水情报汛任务书》执行。

3.6.3.2　基本雨量站指导要求

（1）保证所属站的观测资料完整、可靠,报汛准确及时。

（2）负责所属站的资料校核、合理性检查和在站整编工作。

（3）对所属站的业务技术辅导必须固定专人负责,辅导员要熟悉所属站的业务,能独立指导工作,每年对所属站至少检查、辅导2次,其中1次须在汛前进行,对问题较多的站要定时检查指导,发现问题及时解决。

3.6.3.3　遥测雨量站管理维护任务

（1）每年3月应完成辖区内遥测系统检修维护任务,使系统的畅通率和准确率达标,确保系统以良好状态投入当年的运行,检修维护结束后要将检修维护工作报告上报归口地市分中心。

(2)每月 3 日前要按《河南省防汛抗旱雨水情遥测系统管理维护办法》附件二的要求填写本测区内遥测系统项目维护情况上报分中心。

(3)一般故障要在 24 h 以内进行维修,并做好维修记录;遥测站遭到人为毁坏或因工程建设等暂时无法使用遥测设备时,其设备应妥善保管,并在 10 d 以内通过迁移或改建,尽快恢复其功能。

3.6.4　唐河水文局生态流量站

每周一上报 1 次监测断面周平均流量,建立相关水位—流量关系线。

3.6.5　唐河水文局墒情站

(1)测点布设:垂向测点布设用三点法,即 10 cm、20 cm、40 cm。

(2)遇有特殊旱情,根据需要随时加测。

(3)严格按当年的《水情报汛任务书》执行。

(4)按要求及时做好人工对比观测工作。

3.6.6　唐河水文局水质站

按照每年河南省水文水资源局下达的《××××年度河南省地表水功能区水质监测实施方案》,完成采送样任务。

4　资料整编

4.1　原始资料整理、归档

（1）各项原始资料做到"准确、完整、清楚、工整"八字标准。

（2）各种原始测验记载簿、资料整理表、各类月报表等必须在站完成施测、计算（制表）及一校、二校工序（计算机现场测量记录的资料，可将一校、二校工序改为检查和表检）。提供给局级审查的资料，大错率不应超过 1/1 000，小错率不宜超过 3/1 000。经局级审查整改后入档案室归档资料的大错率不应超过 1/10 000，小错率不宜超过 1/1 000。

（3）遥测水位、雨量、流量等自动测报系统资料，应固定 1 台计算机，并指定专人管理。

（4）所有资料必须以手工方式签名登记确认。

4.2　质量标准

（1）各项目的整编成果必须完整、图表齐全、考证清楚、定线恰当、方法正确、资料合理、说明完备、规格统一、字迹清晰、数字无误。

（2）无系统错误（无连续数次、数日、数月或影响多项、多表的错误）。

（3）无特征值错误。

（4）其他数字错不超过 1/10 000。

（5）技术标准：《水文资料整编规范》（SL 247—2012）、《水文年鉴汇编刊印规范》（SL 460—2009）、《河南省水文资料整编补充规定》。

4.3　完成时限

（1）所有资料做到日清、月结。

（2）当月各项资料应于下月 5 日前完成在站整编，次年 1 月 5 日前完成上年度全年资料在站整编。

4.4　整编成果提交

4.4.1　水文整编资料成果标准

水文整编资料成果标准见表 4-1。

表 4-1 水文整编资料成果标准

项目名称	成果名称		详细内容及装订顺序
水位、流量、含沙量、降水蒸发及各类辅助图表	1	水位整编成果	站说明表、水位资料整编说明书、逐日平均水位表、洪水水位摘录表、水准点高程考证表、水尺零点高程考证表、逐日水温表
	2	流量整编成果	流量资料整编说明书、实测流量成果表、逐日平均流量表、流率表、洪水水文要素摘录表、实测大断面成果表
	3	含沙量整编成果	悬移质输沙率整编说明书、实测悬移质输沙率成果表、逐日平均含沙量表、逐日平均悬移质输沙率表
	4	降水蒸发整编成果	降水蒸发资料整编说明书、陆上(漂浮)水面蒸发场说明表及平面图、逐日降水量表、逐日水面蒸发量表、降水量摘录表、各时段最大降水量表
	5	各类辅助图表	水位(泥沙)过程线图(包含流量测点)、历年水位—流量关系线图、降水蒸发柱状图、逐日平均水位—逐日平均流量对照图、逐日降水量对照表、水位—流量关系线三种检验表、单断沙关系线三种检验表、水流沙数据文件
备注			归档资料中应包括数据文件和库文件

4.4.2 成果提交清单

4.4.2.1 南阳水文测报中心

南阳水文测报中心整编资料成果提交清单见表 4-2。

表 4-2 南阳水文测报中心整编资料成果提交清单

站名	测站编码	站类	水位整编成果	流量整编成果	含沙量整编成果	降水蒸发整编成果	各类辅助图表
南阳(四)	62044900	水文	√	√			√
赵湾水库	62015011	水文	√	√			√
棠梨树	62048500	水文	√	√	√		√
青华	62050300	水文	√	√			√
社旗	62052500	水文	√	√	√		√
赵庄	62055300	水位	√				
龙王沟	62044500	雨量				√	
南阳	62044900	雨量				√	
瓦店	62045000	雨量				√	
陡坡	62045100	雨量				√	

续表 4-2

站名	测站编码	站类	水位整编成果	流量整编成果	含沙量整编成果	降蒸整编成果	各类辅助图表
大马石眼	62045300	雨量				√	
赵庄	62045500	雨量				√	
常营	62049400	雨量				√	
下潘营	62049800	雨量				√	
青华	62050100	雨量				√	
沙堰	62050400	雨量				√	
新野	62050500	雨量				√	
武砦	62055000	雨量				√	
大路张	62057500	雨量				√	
忽桥	62057700	雨量				√	
维摩寺	62051700	雨量				√	
罗汉山	62051900	雨量				√	
平高台	62052000	雨量				√	
杨集	62052100	雨量				√	
方城	62052200	雨量				√	
望花亭	62052300	雨量				√	
陌陂	62052400	雨量				√	
社旗	62052500	雨量				√	
饶良	62053100	雨量				√	
坑黄	62053200	雨量				√	
高峰	62047900	雨量				√	
二潭	62048200	雨量				√	
柳树底	62048300	雨量				√	
杏山	62048400	雨量				√	
棠梨树	62048500	雨量				√	
镇平	62048700	雨量				√	
芦医	62048900	雨量				√	
贾宋	62049000	雨量				√	
赵湾	62048520	雨量				√	

注:在相应的提交内容空格内打"√"。

4.4.2.2　西峡水文局

西峡水文局整编资料成果提交清单见表 4-3。

表 4-3 西峡水文局整编资料成果提交清单

站名	测站编码	站类	水位整编成果	流量整编成果	含沙量整编成果	降蒸整编成果	各类辅助图表
荆紫关	62001700	水文	√	√	√	√	√
西坪	62006200	水文	√			√	√
米坪	62008200	水文	√	√		√	
西峡	62008700	水文	√	√	√	√	√
狮子坪	62028000	雨量				√	
香山	62032800	雨量				√	
里曼坪	62028200	雨量				√	
黄坪	62033400	雨量				√	
瓦窑沟	62028400	雨量				√	
朱阳关	62033600	雨量				√	
三川	62033000	雨量				√	
叫河	62033200	雨量				√	
西簧	62030200	雨量				√	
磨峪湾	62001822	雨量				√	
白沙岗	62001823	雨量				√	
城关	62032400	雨量				√	
安沟	62001820	雨量				√	
淅川	62001800	雨量				√	
黄庄	62038100	雨量				√	
仓坊	62001824	雨量				√	
方家庄	62029100	雨量				√	
罗家庄	62028600	雨量				√	
桑坪	62033800	雨量				√	
黑烟镇	62034000	雨量				√	
新庄	62034700	雨量				√	
黄石庵	62035100	雨量				√	
军马河	62035300	雨量				√	
太平镇	62035500	雨量				√	
二郎坪	62035700	雨量				√	
蛇尾	62035900	雨量				√	
重阳	62036300	雨量				√	
陈阳坪	62036500	雨量				√	
丁河	62036700	雨量				√	
丹水	62046700	雨量				√	
阳城	62046800	雨量				√	

注:在相应的提交内容空格内打"√"。

4.4.2.3　南召水文局

南召水文局整编资料成果提交清单见表4-4。

表4-4　南召水文局整编资料成果提交清单

站名	测站编码	站类	水位整编成果	流量整编成果	含沙量整编成果	降蒸整编成果	各类辅助图表
鸭河口水库	62011000	水文	√	√			√
白土岗(二)	62010800	水文	√	√	√		√
李青店(二)	62012400	水文	√	√			√
留山(二)	62012800	水文	√	√			√
口子河	62013200	水文	√	√			√
白河	62040500					√	
竹园	62040600					√	
乔端	62040700					√	
玉藏	62040800					√	
小街	62040900					√	
钟店	62041000					√	
余坪	62041200					√	
白土岗	62041300					√	
花子岭	62042200					√	
焦园	62041400					√	
马市坪	62041500					√	
菜园	62041600					√	
李家庄	62041700					√	
羊马坪	62041800					√	
二道河	62041900					√	
李青店	62042000					√	
斗垛	62042800					√	
上官庄	62042900					√	
下石笼	62043000					√	
郭庄	62043600					√	
云阳	62043700					√	
杨西庄	62043800					√	
建坪	62043900					√	
小店	62044000					√	
口子河	62044100					√	
赵庄	62051800					√	

续表 4-4

站名	测站编码	站类	水位整编成果	流量整编成果	含沙量整编成果	降蒸整编成果	各类辅助图表
苗庄	62042100					√	
廖庄	62042400					√	
四棵树	62042500					√	
南河店	62042600					√	
下店	62042700					√	
小庄	62044200					√	
石门	62044600					√	
小周庄	62044800					√	
留山	62043300					√	
鸭河口	62044300					√	

4.4.2.4 内乡水文局

内乡水文局(水文测报中心)整编资料成果提交清单见表 4-5。

表 4-5 内乡水文局(水文测报中心)整编资料成果提交清单

站名	测站编码	站类	水位整编成果	流量整编成果	含沙量整编成果	降蒸整编成果	各类辅助图表
内乡(二)	62014000	水文站	√	√		√	√
后会(二)	62013800	水位站	√			√	√
庙岗	62037900	雨量				√	
葛条爬	62045700	雨量				√	
大龙	62045900	雨量				√	
板厂	62046000	雨量				√	
雁岭街	62046100	雨量				√	
大栗坪	62046200	雨量				√	
青杠树	62046300	雨量				√	
赤眉	62046600	雨量				√	
黄营	62047100	雨量				√	
马山口	62047200	雨量				√	
王店	62047300	雨量				√	
岞蚰	62050600	雨量				√	
苇集	62050800	雨量				√	

注:在相应的提交内容空格内打"√"。

4.4.2.5　邓州水文局

邓州水文局(水文测报中心)整编资料成果提交清单见表4-6。

表4-6　邓州水文局(水文测报中心)整编资料成果提交清单

站名	测站编码	站类	水位整编成果	流量整编成果	含沙量整编成果	降蒸整编成果	各类辅助图表
淦滩	62014600	水文站	√	√	√	√	√
白牛	62015200	水文站	√	√		√	√
半店(二)	62015600	水文站	√	√		√	√
邹楼	61948900	雨量				√	
林扒	61949100	雨量				√	
张村	62047500	雨量				√	
邓州	62047600	雨量				√	
大王集	62049100	雨量				√	
穰东	62050000	雨量				√	
构林	62051200	雨量				√	
新野	62050500	雨量				√	
沙堰	62050400	雨量				√	

注:在相应的提交内容空格内打"√"。

4.4.2.6　唐河水文局

唐河水文局整编资料成果提交清单见表4-7。

表4-7　唐河水文局整编资料成果提交清单

站名	测站编码	站类	水位整编成果	流量整编成果	含沙量整编成果	降蒸整编成果	各类辅助图表
唐河(二)	62016200	水文	√	√	√		√
平氏	62017800	水文	√	√			√
桐河	62017600	水位	√				√
半坡	62052700	雨量				√	
少拜寺	62054800	雨量				√	
大河屯	62054900	雨量				√	
桐河	62055300	雨量				√	
唐河	62055400	雨量				√	
张马店	62056500	雨量				√	
毕店	62057000	雨量				√	
祁仪	62057100	雨量				√	

续表 4-7

站名	测站编码	站类	水位整编成果	流量整编成果	含沙量整编成果	降蒸整编成果	各类辅助图表
昝岗	62057200	雨量				√	
白秋	62057600	雨量				√	
湖阳	62057800	雨量				√	
苍台	62057900	雨量				√	
新城	62055500	雨量				√	
吴井	62055700	雨量				√	
鸿仪河	62056100	雨量				√	
二郎山	62056200	雨量				√	
平氏	62056300	雨量				√	
安棚	62056900	雨量				√	

注:在相应的提交内容空格内打"√"。

5　仪器设备管理

（1）加强设施设备维护管理，专人专管，管理人员要坚持原则，照章办事，不徇私情。购置和领回的仪器设备要及时入账，并建立设施设备维护管理台账。

（2）仪器设备要分类存放，做到勤检查、勤整理，保持仪器设备整洁、干燥通风，防止仪器设备生锈、损坏。充电设备定期充电保养，确保随需随用。易燃易爆物品要专门存放。

（3）仪器设备存放要有安全防范措施，消防设施、电器电路要经常检查，时刻注意防火防盗等。

（4）贵重仪器（如 ADCP 等）、大型物品（如测流车等）、测验器材、易损品、防汛料物，一律不准外借、私用和倒卖。

（5）对属站所有仪器设备做好维护管理工作。

6 学 习

坚持每周政治学习,主要学习党的路线、方针政策;学习贯彻上级下达的各种文件精神;从思想上、政治上、行动上和党中央保持高度一致。

加强平时业务学习,主要学习各种技术规定、操作规程、规范、任务书、水情信息拍报办法;注意学习先进的科学文化知识和技术,努力提高先进仪器设备的熟练操作能力,努力提高仪器设备使用维护技术能力;每年汛前要举行两次学规练功实际操作比赛和适合本测区的测洪方案演习。

鼓励职工坚持自学科学文化知识和先进的业务知识,努力造就一批有理想、有道德、有科学文化知识、有业务技术水平的高素质职工队伍。

附表 河南省南阳水文水资源勘测局水文站测洪方案一览表

序号	站名	项目	一般洪水 (P>10%)	较大洪水 (5%<P≤10%)	大洪水 (2%<P≤5%)	特大洪水 (P≤2%)	备注
1	荆紫关(二)	流量(m³/s)	Q<3 500	3 500≤Q<4 800	4 800≤Q<6 500	Q≥6 500	中泓浮标系数0.70(分析值)，电波流速仪系数和均匀浮标系数均为0.86(经验值)。高水糙率系数0.030(历史资料)
		水位(m)	Z<214.80	214.80≤Z<215.60	215.60≤Z<216.20	Z≥216.20	
		测洪方案	缆道流速仪法、桥测流速仪法、电波流速仪法	电波流速仪法、浮标法、比降面积法	电波流速仪法、浮标法、比降面积法	浮标法、比降面积法	
2	西峡	流量(m³/s)	Q<3 400	3 400≤Q<4 600	4 600≤Q<6 200	Q≥6 200	中泓浮标系数0.72(分析值)，均匀浮标系数均为0.85(分析值)。高水糙率系数0.030(历史资料)
		水位(m)	Z<79.50	79.50≤Z<80.80	80.80≤Z<82.20	Z≥82.20	
		测洪方案	缆道流速仪法、浮标法、比降面积法	浮标法、比降面积法	浮标法、比降面积法	浮标法、比降面积法	
3	鸭河口水库	溢洪道流量(m³/s)	Q<2 600	2 600≤Q<3 500	3 500≤Q<5 000	Q≥5 000	中泓浮标系数0.72(分析值)，电波流速仪水面系数0.85(经验值)
		坝上水位(m)	Z<175.70	175.70≤Z<178.00	178.00≤Z<179.00	Z≥179.00	
		测洪方案	桥测流速仪法、ADCP法、电波流速仪法	ADCP法、电波流速仪法、泄流曲线法	ADCP法、电波流速仪法、泄流曲线法	浮标法、泄流曲线法	
4	南阳(四)	流量(m³/s)	Q<2 200	2 200≤Q<3 200	3 200≤Q<4 500	Q≥4 500	中泓浮标系数0.70(分析值)，电波流速仪水面系数0.85(经验值)
		水位(m)	Z<115.40	115.40≤Z<116.40	116.40≤Z<117.40	Z≥117.40	
		测洪方案	桥测流速仪法、ADCP电波流速仪法、电波流速仪法	桥测流速仪法、ADCP电波流速仪法	桥测流速仪法、ADCP电波流速仪法	浮标法、比降面积法	
5	淴滩	流量(m³/s)	Q<2 400	2 400≤Q<3 000	3 000≤Q<3 900	Q≥3 900	中泓浮标系数0.72(经验值)，高水糙率系数0.028(历史资料)
		水位(m)	Z<97.30	97.30≤Z<97.60	97.60≤Z<98.00	Z≥98.00	
		测洪方案	缆道流速仪法、船测、ADCP法	缆道流速仪法、ADCP测	缆道流速仪法、浮标法、比降面积法	浮标法、比降面积法	

续附表

序号	站名	项目	一般洪水（P>10%）	较大洪水（5%<P≤10%）	大洪水（2%<P≤5%）	特大洪水（P≥2%）	备注
6	唐河（二）	流量（m³/s）	Q<4 800	4 800≤Q<6 300	6 300≤Q<8 200	Q≥8 200	中泓浮标系数 0.72（经验值），电波流速仪水面系数 0.89（经验值）。高水糙率系数 0.030（历史资料）
		水位（m）	Z<98.20	98.20≤Z<99.40	99.40≤Z<100.00	Z≥100.00	
		测洪方案	船测、缆道流速仪法、ADCP法	缆道流速仪法、ADCP法、电波流速仪法	电波流速仪法、中泓浮标法、比降面积法	电波流速仪法、中泓浮标法、比降面积法	
7	西坪	流量（m³/s）	Q<1 500	1 500≤Q<2 400	2 400≤Q<3 700	Q≥3 700	电波流速仪水面系数 0.85（经验值）。高水糙率系数 0.024（历史资料）
		水位（m）	Z<95.70	95.70≤Z<96.40	96.40≤Z<97.50	Z≥97.50	
		测洪方案	桥测流速仪法、电波流速仪法	电波流速仪法、比降面积法	比降面积法	比降面积法	
8	米坪	流量（m³/s）	Q<1 500	1 500≤Q<2 200	2 200≤Q<3 100	Q≥3 100	中泓浮标系数 0.68（分析值），高水糙率系数 0.027（历史资料）
		水位（m）	Z<6.80	6.80≤Z<7.60	7.60≤Z<8.80	Z≥8.80	
		测洪方案	缆道流速仪法、浮标法	缆道流速仪法、浮标法	浮标法、比降面积法	浮标法、比降面积法	
9	白土岗（二）	流量（m³/s）	Q<2 000	2 000≤Q<2 600	2 600≤Q<3 400	Q≥3 400	中泓浮标系数 0.70（经验值），电波流速仪水面系数 0.85（经验值）
		水位（m）	Z<183.60	183.60≤Z<184.00	184.00≤Z<184.60	Z≥184.60	
		测洪方案	缆道流速仪法、桥测流速仪法	缆道流速仪法、桥测流速仪法	浮标法、电波流速仪法	浮标法、电波流速仪法	
10	李青店（二）	流量（m³/s）	Q<2 400	2 400≤Q<3 200	3 200≤Q<4 350	Q≥4 350	中泓浮标系数 0.70（经验值），均匀浮标系数均为 0.85（经验值）。高水糙率系数 0.027（历史资料）
		水位（m）	Z<201.10	201.10≤Z<201.80	201.80≤Z<202.60	Z≥202.60	
		测洪方案	缆道流速仪法、桥测流速仪法	缆道流速仪法、电波流速仪法	电波流速仪法、浮标法	浮标法、比降面积法	

续附表

序号	站名	项目	一般洪水 (P>10%)	较大洪水 (5%<P≤10%)	大洪水 (2%<P≤5%)	特大洪水 (P≤2%)	备注
11	留山(二)	流量(m³/s)	Q<540	540≤Q<700	700≤Q≤900	Q≥900	中泓浮标系数0.85（经验值），电波流速仪水面系数0.85（经验值）
		水位(m)	Z<214.40	214.40≤Z<214.80	214.80≤Z<215.40	Z≥215.40	
		测洪方案	桥测流速仪法、电波流速仪法	桥测流速仪法、电波流速仪法	电波流速仪法、中泓浮标法	电波流速仪法、中泓浮标法	
12	口子河	流量(m³/s)	Q<1 800	1 800≤Q<2 300	2 300≤Q<3 000	Q≥3 000	中泓浮标系数0.68（分析值），均匀流系数0.85（分析值），电波流速仪水面系数0.85（经验值）
		水位(m)	Z<94.60	94.60≤Z<95.00	95.00≤Z<95.50	Z≥95.50	
		测洪方案	缆道流速仪法、桥测流速仪法	缆道流速仪法、浮标法	浮标法、电波流速仪法	中泓浮标法	
13	内乡(二)	流量(m³/s)	Q<1 600	1 600≤Q<2 000	2 000≤Q<2 400	Q≥2 400	中泓浮标系数0.72（经验值），电波流速仪水面系数0.85（经验值）
		水位(m)	Z<98.40	98.40≤Z<99.20	99.20≤Z<100.00	Z≥100.00	
		测洪方案	桥测流速仪法、ADCP法	桥测流速仪法、ADCP法	ADCP法、电波流速仪法	电波流速仪法、浮标法	
14	棠梨树	流量(m³/s)	Q<530	530≤Q<780	780≤Q<1 150	Q≥1 150	中泓浮标系数0.60（分析值），电波流速仪水面糙率系数0.75（经验值）。高水糙率系数0.030（历史资料）
		水位(m)	Z<226.10	226.10≤Z<226.90	226.90≤Z<228.00	Z≥228.00	
		测洪方案	缆道流速仪法、电波流速仪法	电波流速仪法、浮标法	中泓浮标法、比降面积法	中泓浮标法、比降面积法	
15	赵湾水库	溢洪道流量(m³/s)	Q<30	30≤Q<300	300≤Q<600	Q≥600	电波流速仪水面系数0.75（经验值）
		坝上水位(m)	Z<219.50	219.50≤Z<221.00	221.00≤Z<221.70	Z≥221.70	
		测洪方案	电波流速仪法、曲线法	电波流速仪法、曲线法	电波流速仪法、曲线法	电波流速仪法、曲线法	

续附表

序号	站名	项目	一般洪水（P>10%）	较大洪水（5%<P≤10%）	大洪水（2%<P≤5%）	特大洪水（P≤2%）	备注
16	白牛	流量（m³/s）	Q<350	350≤Q<470	470<Q<650	Q≥650	水面流速系数0.85（经验值）
		水位（m）	Z<108.20	108.20≤Z<109.00	109.00≤Z<110.00	Z≥110.00	
		测洪方案	桥测流速仪法、ADCP法	桥测流速仪法、ADCP法	桥测流速仪法、ADCP法	桥测流速仪法、ADCP法	
17	青华	流量（m³/s）	Q<50	50≤Q<80	80≤Q<120	Q≥120	水面流速系数和电波流速仪水面系数均为0.85（经验值）
		水位（m）	Z<120.90	120.90≤Z<121.50	121.50≤Z<122.00	Z≥122.00	
		测洪方案	桥测流速仪法、ADCP法	桥测流速仪法、ADCP法	桥测流速仪法、ADCP法	ADCP法、电波流速仪法	
18	半店（二）	流量（m³/s）	Q<630	630≤Q<820	820≤Q<1 100	Q≥1 100	中泓浮标系数0.70（经验值），高水糙率系数0.030（历史资料）
		水位（m）	Z<126.50	126.50≤Z<126.90	126.90≤Z<127.40	Z≥127.40	
		测洪方案	桥测流速仪法、中泓浮标法	桥测流速仪法、中泓浮标法	桥测流速仪法、中泓浮标法	中泓浮标法、比降面积法	
19	社旗	流量（m³/s）	Q<2 200	2 200≤Q<2 900	2 900≤Q<3 800	Q≥3 800	中泓浮标系数0.70（经验值），高水糙率系数0.030（历史资料）
		水位（m）	Z<116.10	116.10≤Z<117.50	117.50≤Z<118.50	Z≥118.50	
		测洪方案	缆道流速仪法、比降面积法	缆道流速仪法、比降面积法	比降面积法、中泓浮标法	比降面积法、中泓浮标法	
20	平氏	流量（m³/s）	Q<2 000	2 000≤Q<2 800	2 800≤Q<4 000	Q≥4 000	中泓浮标系数0.70（分析值），高水糙率系数0.026~0.028（历史资料）
		水位（m）	Z<5.00	5.00≤Z<5.80	5.80≤Z<6.90	Z≥6.90	
		测洪方案	缆道流速仪法、船测、浮标法	缆道流速仪法、中泓浮标法	中泓浮标法、比降面积法	中泓浮标法、比降面积法	

参考文献

[1]马庆云.水文勘测工[M].郑州:黄河水利出版社,1996.

[2]赵志贡,岳利军,赵彦增,等.水文测验学[M].郑州:黄河水利出版社,2005.

[3]朱晓原,张留柱,姚永熙.水文测验实用手册[M].郑州:黄河水利出版社,2013.

[4]岳利军,赵彦增,韩潮,等.河南省水文站基本资料汇编[M].郑州:黄河水利出版社,2014.

[5]王冬至,冯瑛.河南省长江流域水文站洪水特性分析及测洪方案应用[M].郑州:黄河水利出版社, 2018.